互联网＋珠宝系列教材

翡翠鉴赏与评价

主　编　马　平
副主编　张　欣　方虹文　赵　俊
　　　　李静婷　廖任庆

中国地质大学出版社
ZHONGGUO DIZHI DAXUE CHUBANSHE

图书在版编目(CIP)数据

翡翠鉴赏与评价 / 马平主编；张欣等副主编. —武汉：中国地质大学出版社，2025.1.（互联网＋珠宝系列教材）. —ISBN 978-7-5625-6122-4

Ⅰ. TS933.21

中国国家版本馆 CIP 数据核字第 2025C6S800 号

翡翠鉴赏与评价	主　编　马　平	
	副主编　张　欣　方虹文　赵　俊　李静婷　廖任庆	
责任编辑：何　煦	选题策划：张　琰　何　煦	责任校对：徐蕾蕾
出版发行：中国地质大学出版社（武汉市洪山区鲁磨路388号）		邮政编码：430074
电　　话：(027)67883511　　　传　　真：67883580		E-mail：cbb@cug.edu.cn
经　　销：全国新华书店		http://cugp.cug.edu.cn
开本：880mm×1230mm 1/16		字数：301千字　　印张：9.5
版次：2025年1月第1版		印次：2025年1月第1次印刷
印刷：湖北金港彩印有限公司		
ISBN 978-7-5625-6122-4		定价：68.00元

如有印装质量问题请与印刷厂联系调换

前　　言

翡翠被誉为"玉石之王"，在中国市场上是除黄金之外的第二大珠宝消费品类。翡翠不仅是一种美丽的饰品，更承载着深厚的文化底蕴。

《翡翠鉴赏与评价》教材面向翡翠鉴定及评估师、销售员、采购员等工作岗位，以企业真实项目的工作任务为载体，依据国家标准，构建了4个学习模块，包含12个项目、30个任务，各模块按由简至繁、层层递进的逻辑顺序展开。模块一为翡翠原石的鉴别，要求学生从翡翠的矿床成因、产地特征、矿物成分等方面对翡翠原石进行鉴别。模块二为翡翠的鉴定，要求学生掌握翡翠及相似宝玉石的物理性质、鉴定特征、鉴别方法等内容，能够准确区分翡翠及其仿制品，并依据国家标准准确定名。模块三为翡翠的品质评价，依据国家标准《翡翠分级》(GB/T 23885—2009)，要求学生掌握翡翠的颜色、透明度、质地和净度等品质要素，能够综合评估翡翠的品质并进行正确分级。模块四为翡翠商品的鉴赏与评价，要求学生掌握翡翠文化、市场、营销原则及选购技巧等内容，能够综合评估翡翠商品的价值，开展翡翠选购及营销活动。教材融入了动画、思政及案例视频，配有丰富的图表，同时配套智慧职教省级精品课程线上资源。

本教材主编马平来自湖北国土资源职业学院，为国家级宝玉石鉴定与加工骨干专业建设项目负责人、宝玉石鉴定与加工专业简介修订成员，主要负责模块一、模块三、模块四的编写，并完成了整本书的结构设计和统稿。湖北国土资源职业学院的张欣主要负责模块二的编写，湖北国土资源职业学院的方虹文负责书中图片的设计与美化、思政视频的剪辑工作。其他参编人员提供了宝贵的修改意见，校外企业教师提供了案例资料。编写团队成员教学经验丰富，专业功底扎实。

我们衷心希望广大读者通过使用这本教材，能够收获丰富的知识和宝贵的学习经验。同时，我们也期待各位教师和读者对本教材提出宝贵的意见和建议，以便我们不断完善和改进。

此外，我们要衷心感谢中宝珠宝首饰质量检测(武汉)有限公司检测室主任肖煌政、中国地质大学出版社在教材出版过程中给予的帮助。感谢参与本教材编写的所有人员，正是大家的共同努力，这本教材才得以顺利出版。愿学习者能以本书为起点，既成为专业领域的探索者，也做社会主义核心价值观的践行者——用专业知识服务人民，以创新精神回报社会。

"翡翠鉴赏与评价"
省级精品课程

《翡翠鉴赏与评价》编写团队
2024年9月

目　　录

模块一　翡翠原石的鉴别 ·· (1)
　　项目一　识别翡翠原石类型 ·· (1)
　　项目二　缅甸翡翠与危地马拉翡翠的鉴别 ··· (12)
　　项目三　识别翡翠的矿物成分 ·· (25)

模块二　翡翠的鉴定 ··· (35)
　　项目一　翡翠与相似宝玉石的鉴别 ··· (35)
　　项目二　天然翡翠与优化处理翡翠的鉴别 ··· (63)
　　项目三　珠宝质检站的翡翠鉴定工作流程 ··· (81)

模块三　翡翠的品质评价 ·· (87)
　　项目一　无色翡翠的品质评价 ·· (87)
　　项目二　绿色翡翠的颜色评价 ·· (97)
　　项目三　绿色翡翠的品质评价 ··· (105)
　　项目四　翡翠的工艺评价 ·· (115)

模块四　翡翠商品的鉴赏与评价 ·· (124)
　　项目一　翡翠商品的鉴赏 ·· (124)
　　项目二　翡翠商品的评价 ·· (132)

主要参考文献 ·· (146)

模块一　翡翠原石的鉴别

项目一　识别翡翠原石类型

翡翠形成的地质条件十分苛刻。它形成于超高压、低温地质环境,位于板块碰撞带超高压变质岩中。苛刻的地质条件使翡翠产地极少。

一、情景导入

作为珠宝公司的采购员,需要在珠宝市场上识别不同成因的原石,又分原生矿、次生矿,采购品质相对较好的翡翠原石(图1-1-1)。

图1-1-1　翡翠原石

二、学习目标

知识目标:了解翡翠原生矿床的地质特征,包括岩石类型、构造环境等内容;熟悉翡翠次生矿床的地质特征,涵盖形成过程、矿体特征;掌握翡翠矿床的分布及成因,明确全球分布规律,以及翡翠形成的内在原因和外在条件。

能力目标:通过分析相关资料和观察样品,能准确叙述翡翠原生矿床的地质特征;能够依据所学知识和实践经验,清晰叙述翡翠次生矿床的地质特征;可以有条理地阐述翡翠矿床的分布情况,包括主要产区的地理位置及分布特点。

素养目标:学生课前接收任务工单,思考任务实施方法,通过查阅资料,培养自主学习的能力;在任务过程中逐渐培养起团队合作意识;老师课堂演示,帮助学生掌握翡翠来源及分布、翡翠原生及次生矿特征等相关知识点。

三、背景知识

世界上已发现的翡翠产地,除缅甸外,还有危地马拉、俄罗斯、哈萨克斯坦、日本、美国、韩国、意大利、希腊、墨西哥、哥伦比亚及新西兰(图1-1-2)。缅甸是世界上大部分商用翡翠的来源地。缅甸翡翠主要产于缅甸北部密支那地区的高黎贡山中。翡翠另一个重要来源为危地马拉,俄罗斯也是商业翡翠的来源之一。日本及美国的矿区开采已经停止,其他产地硬玉岩大部分没有商业价值。本项目主要介绍缅甸的翡翠矿床。

缅甸翡翠矿床产于印度板块与亚欧板块俯冲带增生楔的实皆走滑断层内(Roever,1955;欧阳秋眉,2000),洋底玄武岩等被挤压,形成蛇绿岩套和高压低温变质带。在高压低温变质作用下,蛇纹岩中形成翡翠矿脉,并抬升为高山地形。抬升作用造成新近纪的断陷盆地;断陷作用产生了强烈的地形落差,断陷盆地周围的岩石经风化剥蚀在盆地中形成各种砾岩,有些层位富集了翡翠砾

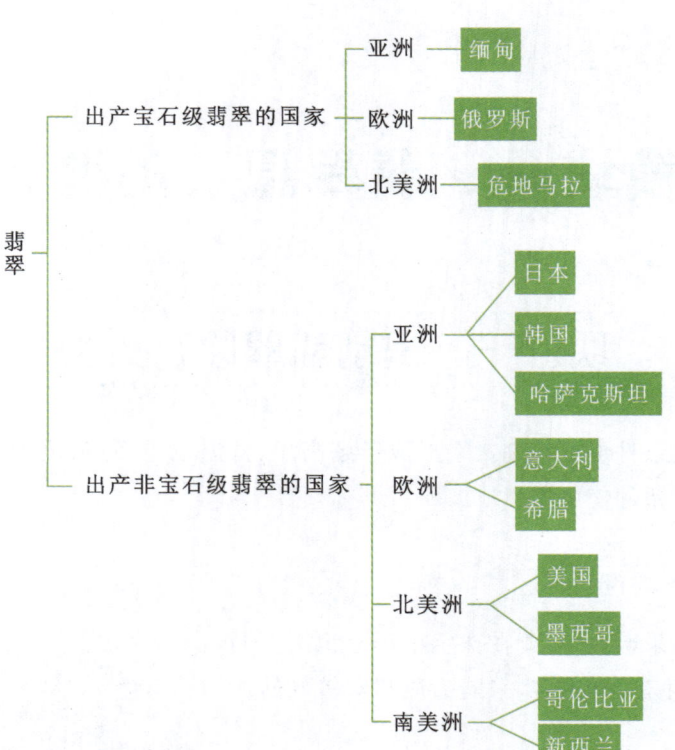

图 1-1-2　世界翡翠矿床

石,即新近纪雾露砾岩;构造活动后期的断裂作用又在盆地中造成地形差异,并使雾露砾岩层产生倾斜和褶皱;出于地形差异和构造抬升等原因,雾露砾岩被风化、被水流冲刷,含翡翠砾石的富集层出露地表形成砾岩矿床,残坡积层中的翡翠砾石形成残坡积矿床,河床中的翡翠砾石形成冲积矿床(欧阳秋眉,2000)见图 1-1-3。

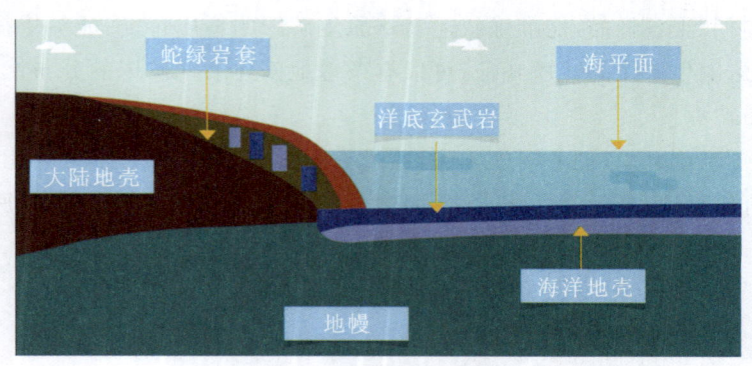

图 1-1-3　翡翠矿床形成环境

世界翡翠矿床共同点

翡翠矿床按成因可分为原生矿床和次生矿床。

1. 原生矿床

原生矿床是完全在自然的地质条件下,没有受到水流冲击、坡积、河流搬运等外力地质作用影响而形成的矿床。原生矿有棱有角,没有皮壳,市场称之为山料、新坑矿。主要分布在度冒—缅冒一带,矿脉可追溯到矿区最北端的磨西西。

2. 次生矿床

次生翡翠矿床又可细分成3种类型(图1-1-4):含翡翠砾岩矿床、现代河流冲积矿床和残坡积矿床。含翡翠砾岩矿床既是直接的开采对象,又是残坡积矿床(草皮矿)和冲积矿床的矿源。

现代河流冲积矿床,主要分布在雾露河及上游支流的河床及沉积物中。含翡翠砾石的雾露砾岩受地表风化作用和河流冲刷后,为现代河流冲积砂矿提供了矿源。这一类型的矿床主要分布在从龙塘到麻蒙的雾露河下游长约30 km的河段。龙塘上游和麻蒙下游的河床中很少有翡翠,但在河流两侧发源于度冒岩体高原并流过雾露砾岩分布区,汇入雾露

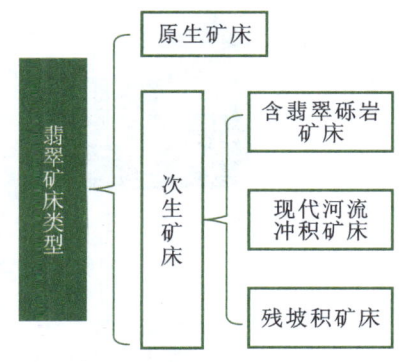

图1-1-4 翡翠次生矿床类型

河的所有支流中都有翡翠砾石。这些河流冲积矿床是最早开采的。翡翠砾石与其他的砾石堆积在一起构成冲积物的底砾层,覆盖在基岩上,而基岩常常就是含翡翠砾石的雾露砾岩。底砾石层越厚,含翡翠砾石的可能性越大。由于受水流的侵蚀,这种底砾石层中的翡翠砾石的风化皮比较薄,颜色的变化较大。

次生矿主要分布在雾露区砾岩分布区,含有翡翠砾石的雾露砾岩是最具有经济价值的岩石单元,主要分布在龙塘到帕敢段雾露河的西北岸和会卡,范围不大,最大厚度超过300 m。从剖面上看,砾岩上覆在基岩上,砾岩上又有卵石层和砂砾层,最顶部为冲积层。砾岩中石头的大小差别很大,大的可达数吨,小的如米粒,分选性差,砾石的磨圆度也不一致。雾露砾岩的岩性和分布特征都体现了山间盆地冲积成因(图1-1-5)。

图1-1-5 翡翠砾石开采

3. 翡翠原生矿与次生矿的区别

翡翠市场上经常会有"老坑"和"新坑"的说法。一般来说,翡翠次生矿即老坑矿,最易开采,经过一百多年的开采,即将枯竭。由于翡翠次生矿床多受水流的侵蚀,因此老坑料原石多有皮壳,且磨圆度较好。新坑矿即原生矿,没有经过河水冲刷,所以翡翠品质参差不齐。有质地疏松的,也有质地细密的。原生矿开采难度大,开采时间稍晚,并且原石形状各异,大多棱角清晰可见(图1-1-6)。

而市场上的老坑种(种老)翡翠指的是结晶细腻、质地紧密、透明度好的翡翠。新坑种(种嫩)翡翠指的是结晶粗糙、质地疏松、透明度较差的翡翠。老坑种翡翠和新坑种翡翠是按照翡翠的品质来划分的,不是按照矿床类型划分的。

图 1-1-6 原生矿及次生矿翡翠砾石

四、项目过程（图 1-1-7）

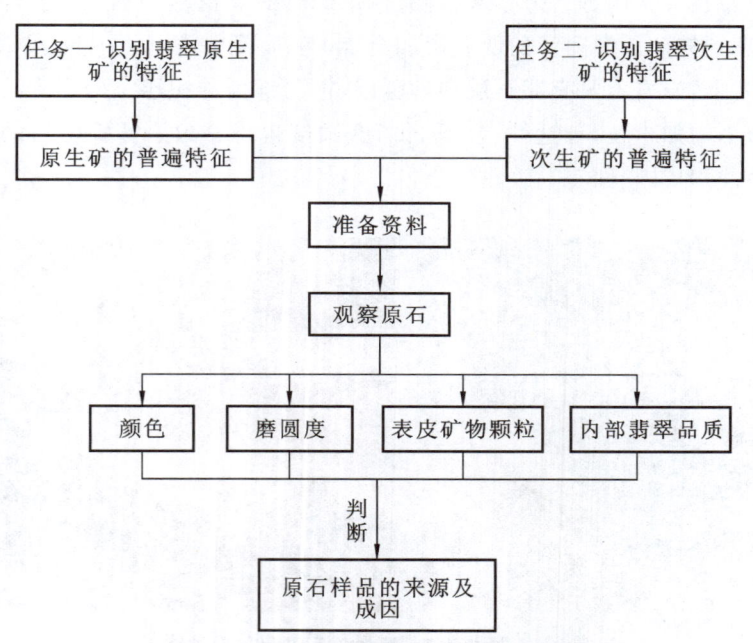

图 1-1-7 识别翡翠原石类型项目流程图

任务一 识别翡翠原生矿的特征

1. 案例分析

【案例 1 纳莫翡翠原生矿床的特征】

纳莫翡翠矿床为典型的原生矿，距帕敢西南侧约 8 km。翡翠矿脉呈透镜状产于蛇纹石化橄榄岩中,总体产状和橄榄岩基本一致,整个矿脉重约 3000 t。翡翠矿脉主体呈白色,粒度较粗,局部有紫罗兰色。矿体中心部位为白色中粒的硬玉,向外颗粒变细,脉体中明显可见后期形成的淡绿色翡翠细脉穿插在白色的翡翠矿脉中。矿脉中心向外,岩性从沸石化中—粗粒硬玉岩变为局部强烈沸石化的细粒硬玉岩,以及局部的沸石岩。

翡翠矿脉与围岩界线清晰,边部岩石明显受后期构造挤压,形成绿泥石剪切带。由于构造作用,接触带上形成白色翡翠的角砾和轻微断裂。白色翡翠在与围岩接触的边缘处常常出现浸染状的淡绿色,穿插在围岩中的翡翠细脉的两侧也常有淡绿色(图 1-1-8)。

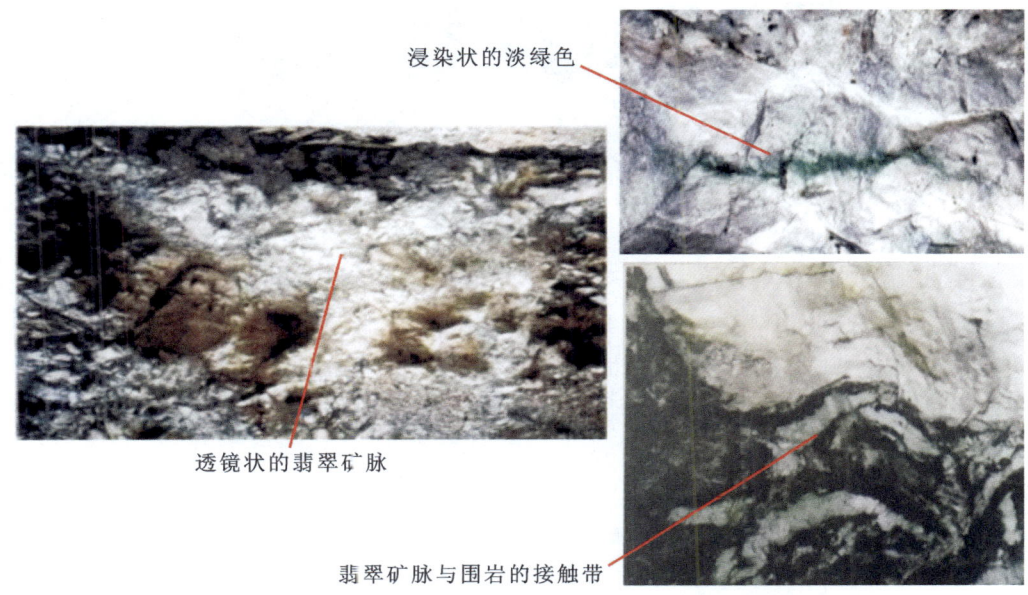

图 1-1-8　纳莫翡翠矿脉与围岩的接触带

纳莫翡翠矿体没有明显的分带性,特别是没有常见的钠长石带,取而代之的是沸石化,会出现沸团块或以沸石为主的矿物组合带。有些穿插在围岩中的小脉是由一种很少见的矿物——铝硅钡石组成的单矿物脉体。

【案例 2　帕敢翡翠原生矿床的分带特征】

帕敢翡翠原生矿床在空间分布上具有明显的分带特征(图 1-1-9)。度冒蛇纹岩岩体里翡翠原生矿的特点:北部的原生矿产出绿色较多的翡翠原石,如铁龙生翡翠(主要矿物为硬玉与钠铬辉石),还有磨西西(主要矿物为钠长石、钠铬辉石),见图 1-1-10;中部的原生矿中绿色翡翠变少,

图 1-1-9　帕敢翡翠原生翡翠矿体分布

绿色翡翠呈小脉状分布在矿体中;南部的原生矿中绿色翡翠进一步减少,几乎不产出绿色的矿体,如八三种翡翠(八三玉)。不同位置的原生矿体矿物组成也具有分带性:北部原生矿体中,钠长石较多,甚至出现以钠长石为主要矿物成分的组合,如磨西西;中部翡翠原生矿体边缘常具有钠长石带;南部原生矿体则缺乏钠长石组分,并被沸石所代替,甚至出现矿体边缘的沸石带。

铁龙生翡翠矿石

铁龙生翡翠雕件

磨西西雕件

八三种翡翠手镯

图 1-1-10　帕敢翡翠原生矿床中的玉石

2. 任务实施

（1）学习翡翠原生矿床案例,收集其他原生矿床的相关资料,并填写表 1-1-1。

（2）在课堂上演示其他翡翠原生矿床的地质特征。

表 1-1-1　写出翡翠原生矿床的特征

矿床名称	地理位置	翡翠矿床分带特征	翡翠原石特征			
			颜色	磨圆度	表皮矿物颗粒	内部翡翠品质
纳莫翡翠矿床						
铁龙生翡翠矿床						
磨西西矿床						
其他原生翡翠矿床						

任务二　识别翡翠次生矿的特征

1. 案例分析

【案例 1　帕敢矿区含翡翠砾岩矿床】

最具有代表性的雾露含翡翠砾岩矿床位于帕敢,帕敢位于雾露河流域(图 1-1-11)。开采砾岩中的翡翠要先挖掉砾岩上的沉积层。它们厚度不一,其中含有翡翠。以前每个矿主只能拥有 5 m 宽的采面,可沿着山脚向山里挖。由于现在开采的深度已达 120 多米,翡翠砾石主要采自砾岩较深部受风化作用较弱的黑色层。现在帕敢矿区产出的翡翠毛料与以前的有较大的区别,其特点是外皮较薄且紧密,常呈灰褐、灰黑等颜色,有些翡翠砾石还具有黑色的蜡状皮(图 1-1-12)。

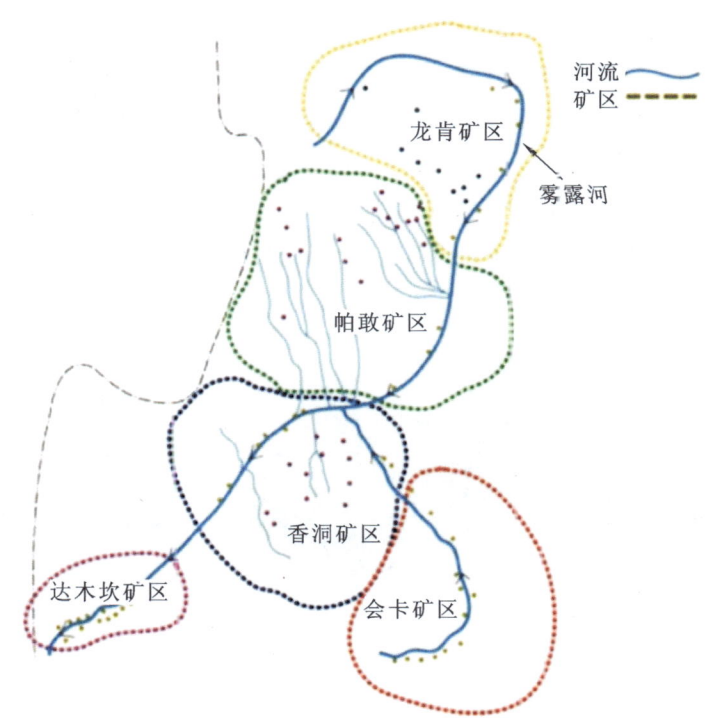

图 1-1-11　雾露河流域矿区

图 1-1-12　帕敢矿区黑蜡皮砾石

矿区高地砾石层砂矿堆积厚度达 100～300 m，矿床通常分为 3 层：砾岩靠近地表呈黄色，中间呈红色，最下呈黑色（图 1-1-13）。上部的砾岩已呈半风化状态，胶结物是红土和砂粒，胶结不牢，开采较为容易。砾岩的下部未受明显的风化作用，胶结较为紧密，胶结物是黑—墨绿色的黏土质和砂粒，其中有翡翠砾石相对富集的层位，通常认为砾岩最下部靠近基岩的位置含翡翠砾石较为丰富。

3 种颜色不同的层与风化作用的程度有关。黑层是在当地潜水面以下的砾岩，红层与黑层的界线即为潜水面的水位线。地下水中的氧气较少，使得这些岩石遭受的氧化风化作用较弱，同时，较为还原的环境形成了较多含 Fe^{2+} 的各种化合物而呈黑灰色。红层与黄层之间的界线是缅甸雨季的地下水水位线。红层在雨季期间被地下水浸泡，旱季则暴露

图 1-1-13　砾岩矿床剖面分带

在空气中,而黄层无论是雨季或者旱季都暴露在空气中,遭受的风化作用最强烈,并形成与地表土壤层成分类似、以 Fe^{3+} 为主的各种化合物。

(1)表层:黄色砂砾石层,其间主要为黄沙皮、粗黄沙皮(图 1-1-14)和水石,常常出现颜色鲜艳的翡翠原料。

(2)中层:红色砾石层,多见黄—棕红色的翡翠皮壳(图 1-1-15)、红蜡壳铁锈皮壳。这层砾石底部可见质地细腻、颜色较好(种老色阳)的翡翠品种,但是以丝条绿和淡绿色为主。

图 1-1-14　黄色砾石标本　　　　　　　　　　图 1-1-15　黄红沙皮标本

(3)下层:灰黑色或深灰色的砾石层,其间有黑蜡壳、油清皮壳、蓝皮壳、黑乌纱等翡翠,但也不排除薄皮或无皮的翡翠(图 1-1-16)。在此层砾石底部可找到绿色、水头好、质地细腻(种老)的优质翡翠。

灰黑色砾石　　　　　　　黑蜡壳砾石　　　　　　黑色皮壳内部绿色翡翠

图 1-1-16　灰黑色、黑蜡壳翡翠砾石

【案例 2　会卡矿区含翡翠砾岩矿床】

会卡矿区也有含翡翠砾岩矿床。会卡位于帕敢矿区南端,距帕敢约 20 km。地质资料显示,会卡矿区含矿岩层是挤压成褶皱的砂岩和砾岩(图 1-1-17),最上部是灰色砂岩,往下是含有煤层的蓝灰色砂岩,再往下为含砾砂岩,而含翡翠的砾岩层在这些岩层之下,厚度 15 m 以上。砾岩中的漂砾除翡翠砾石外,还有石英岩、角闪岩、辉石岩、叶蛇纹岩、白云母片岩等砾石,胶结物为灰绿色的黏土和砂岩,与雾露砾岩的岩性有所区别。

会卡矿区翡翠砾石的特点是磨圆较好,外皮较薄,呈黄、灰、黑、淡绿等颜色,有的翡翠砾石有蜡状皮(图 1-1-18)。翡翠砾石的大小差异也很大,小的不足 1 kg,大的重达几千千克。现在有大小场口[①]十多个,也是重要的翡翠矿区。

---

① 场口:也称厂口,指一块翡翠原石的产区。同一场口产出的翡翠皮壳、玉质相似,不同厂口的翡翠皮壳、玉质不同。

图 1-1-17　挤压成褶皱的砂岩和砾岩

图 1-1-18　会卡翡翠的黑蜡皮壳

【案例3　后江矿区含翡翠砾岩矿床】

矿区最北端的后江矿区（又称次迪矿区），有雷打场口等含翡翠砾岩矿床。后江矿区含翡翠的砾岩层与帕敢和会卡的不同，是一层陡倾（倾角为北东60°～90°）的新近纪蛇纹岩砾石层，砾岩层的南北两端被新近纪砂岩覆盖，翡翠砾石富集在新近纪蛇纹岩砾石层的几个薄层中。十多个场口沿着一个南东向展布的长约2 km的山脊分布，开采翡翠时要挖出大量的废石。

与其他的矿区相比，后江矿区翡翠的质量最好，帝王绿翡翠所占的比例大，其次为其他商业级的翡翠，透光性很好，结构紧密，一般的"砖头"料则较少。人们常说的"10个后江9个水"指后江矿区所产翡翠成品率很高。后江的翡翠原石皮壳一般呈灰绿色（图1-1-19），产出的翡翠砾石一般都较小，多在1 kg以下。

图 1-1-19　灰绿色翡翠皮壳

【案例4　当秀矿区残坡积翡翠矿床】

最典型的残坡积矿床位于当秀矿区，分布于含翡翠砾岩的区域内，往往表层是含翡翠砾岩的砂土层、卵石层，其下的基岩就是雾露砾石层（图1-1-20、图1-1-21）。

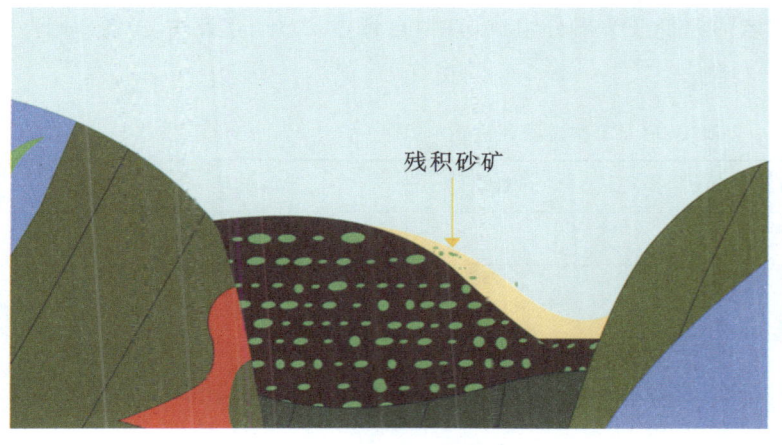

图 1-1-20　残坡积翡翠砾石

图 1-1-21　残坡积翡翠砾石开采场景

2. 任务实施

（1）学习翡翠次生矿床的资料，收集其他翡翠次生矿床的相关资料，并填写表1-1-2。

（2）在课堂上演示其他次生翡翠矿床的地质特征。

（3）总结原生矿床与次生矿床资料，将翡翠原生矿与次生矿的识别特征填入表1-1-3。

表 1-1-2　翡翠次生矿床的特征

矿床名称	地理位置	翡翠矿床分带特征	翡翠原石特征			
			颜色	磨圆度	表皮矿物颗粒	内部翡翠品质
帕敢矿区含翡翠砾岩矿床						
会卡矿区含翡翠砾岩矿床						
后江矿区含翡翠砾岩矿床						
当秀矿区残坡积翡翠矿床						
其他次生矿床						

表 1-1-3　翡翠原生矿与次生矿的识别特征

矿床类型	皮壳特征	品质特征

五、项目评价

项目评价考核由自评、互评和老师评价3个部分组成，其中自评占20%、互评占40%、师评占40%（表1-1-4）。

表 1-1-4　工作过程评价表

组号		班级学号	姓名	标本组号		总成绩

序号	项目	考核内容	配分标准	得分			项目成绩
				自评 20%	互评 40%	师评 40%	
1	团队协作	与小组成员和谐相处，互相学习，互相帮助，团队分工明确	10分				

表1-1-4（续）

组号		班级学号	姓名		标本组号		总成绩
序号	项目	考核内容	配分标准	得分			项目成绩
				自评 20%	互评 40%	师评 40%	
2	操作过程	原石特征观察准确	12分				
		原石特征记录规范	8分				
		结论准确，书写规范	12分	40分			
		流程完整规范	2分				
		标本无损坏、无污染	3分				
		保持工位整洁	3分				
3	课堂演示	PPT制作	10分	30分			
		演讲	20分				
4	学习态度	态度积极，遵守纪律，学习目标明确	10分				
5	解决问题的能力	能顺利解决问题	10分				

六、课外拓展

在翡翠售卖市场观察翡翠原石，结合原石特征和价格判别矿床类型，并理解翡翠原石品质与对应价格间的关联。

【思政点　宝玉美从磨砺出】

在翡翠市场上，人们普遍认为次生翡翠原石的品质比原生翡翠原石的品质好。这是由于次生矿经后期地质作用，如流水的搬运、冲刷、浸泡等，内部结构及成分进一步交代改造，翡翠的结晶更细腻、质地更紧密、透明度更好。相对而言，次生矿产出的优质翡翠比较多，而原生矿产出的优质翡翠比较少。同学们要勇于尝试新事物和面对挑战，在挫折中不断成长和提升自我，展现自信与坚韧之美。

思政点
宝玉美从磨砺出

项目二　缅甸翡翠与危地马拉翡翠的鉴别

翡翠以其独特的文化内涵成为最具观赏价值、收藏价值和文化艺术价值的宝玉石之一,被誉为"玉石之王"。缅甸翡翠产量有限,品质好的缅甸翡翠长期占据高端市场的主导地位。近年来危地马拉翡翠产量变大,出口量增加,市场占有率逐渐增大。

一、情景导入

作为珠宝公司的采购员,在珠宝市场上采购翡翠时,要会区分缅甸翡翠及危地马拉翡翠(图1-2-1),并熟悉它们的常见品种。

二、学习目标

知识目标:了解缅甸翡翠与危地马拉翡翠的矿物组成,尤其是主要矿物成分及特性;熟悉危地马拉翡翠的文化内涵、矿床的地质概况,如地层、构造特点等;掌握缅甸翡翠与危地马拉翡翠的常见品种,明确各品种的特征及差异。

能力目标:通过观察、分析矿物标本及研究相关资料,能准确识别缅甸、危地马拉翡翠的矿物组成;能够结合所学知识进行调研,清晰叙述危地马拉翡翠的文化内涵及矿床地质概况;可以运用所学知识,初步识别缅甸及危地马拉翡翠的典型品种。

素养目标:通过课堂实践,掌握缅甸及危地马拉翡翠矿物成分、典型品种特征,培养良好的沟通能力、综合表达能力。

图1-2-1　危地马拉翡翠(左上、右上)及缅甸翡翠(左下、右下)

三、背景知识

翡翠是一种以硬玉为主要成分,坚硬、色彩丰富,具有工艺价值的矿物集合体。翡翠的主要矿物为硬玉,次要矿物为绿辉石、钠铬辉石、角闪石类、钠长石等(图1-2-2)。

硬玉　　　硬玉　　　绿辉石　　　绿辉石

钠长石　　钠长石　　角闪石　　角闪石　　钠铬辉石

图1-2-2　翡翠的矿物成分

品质好的高档翡翠硬玉含量更高。墨绿色及油青种翡翠含绿辉石较多。翡翠中有时可见较透明的钠长石与硬玉共生。钠铬辉石绿得发黑,主要在铁龙生及干青种翡翠中。在翡翠中,角闪石常被称为"藓",会影响翡翠的整体品质。

翡翠作为不可再生资源,不断被开采而日益枯竭。危地马拉是一个颇具商业潜力的翡翠产地,其产量仅次于缅甸。因此,近年来危地马拉翡翠越来越受到学术界的关注。学者们在危地马拉翡翠产出的地质环境、硬玉的化学成分、矿物组合、玉石品种和光谱特征等方面取得了一些研究成果。

据说危地马拉翡翠在玛雅文明时期就已十分有名。随着考古学家对玛雅古城的发掘,大量翡翠出土了(图1-2-3)。玛雅人把翡翠看成自己最大的财富。很多精美的翡翠制品被用于宗教仪式,是健康和力量的象征。但12~17世纪,美洲翡翠开采停止,产出的位置也再无人知晓,直到1975年,考古学家们重新发现了危地马拉翡翠。

图1-2-3　危地马拉翡翠文物

在危地马拉Motogua河流的冲积层及河床阶地中有翡翠砾石的富集层,翡翠砾石直径可达1 m。砾石层中除翡翠砾石外,还有角闪岩、片麻岩、钠长岩、阳起石片岩、含白云母钠长石岩、含白云母石英岩和含白云母石英钠长岩等砾石(图1-2-4)。

图1-2-4　河流中的砾石

四、项目过程(图1-2-5)

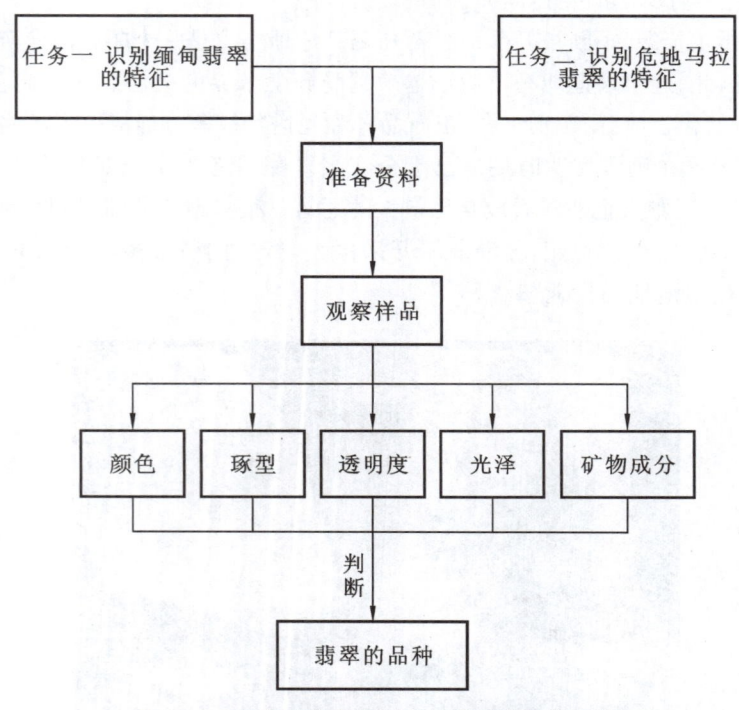

图1-2-5 缅甸翡翠与危地马拉翡翠鉴别流程图

任务一 识别缅甸翡翠的特征

1. 案例分析

【案例1 种系列】

(1)老坑种:颜色正、浓、阳、匀,质地细腻、均匀,透明—半透明(图1-2-6)。如果透明度高,就可称为老坑玻璃种,为翡翠中最高档的品种。

(2)冰种:白—淡绿色、透明—亚透明,貌似冰块(图1-2-7)。

(3)糯种:透光看比较通透,能清晰地看到内部棉絮和色根分布,质地如同煮熟的糯米汤(图1-2-8)。

图1-2-6 老坑种翡翠手镯

图1-2-7 冰种翡翠吊坠

图1-2-8 糯种翡翠手镯

（4）豆青种：中等浓度的豆绿色，带蓝色或黄色调，中粒结构为主（图1-2-9）。如果颜色再深一些，带黄色调的即为黄阳绿色；带蓝色调的，可为瓜青种。

（5）花青种：翠绿色、蓝绿色或墨绿色，较浓艳，但颜色不均匀、呈花斑状，质地透明—不透明。有冰底花青种、糯底花青种、豆底花青种和花青玻璃种等多种档次（图1-2-10）。

图1-2-9　豆青种翡翠　　　　　　　　　　　糯底花青　　豆底花青

　　　　　　　　　　　　　　　　　　　图1-2-10　花青种翡翠吊坠

（6）金丝种：有平行的丝状色根或者其他形式的色根，颜色多为阳绿，亚透明—半透明，质地一般是冰豆地—水豆地（图1-2-11）。

（7）瓜青种：蓝绿色，颜色深，类似瓜皮，多为细粒和中粒结构（图1-2-12）。

（8）芙蓉种：浅绿—淡绿色，半透明—亚透明，可见颗粒，中粒结构为主，即水豆地—豆地（图1-2-13）。

图1-2-11　金丝种翡翠吊坠　　　图1-2-12　瓜青种翡翠手镯　　　图1-2-13　芙蓉种翡翠吊坠

（9）油青种：带有灰色、蓝色或褐色调的绿色，颜色沉闷而不明快，但透明度较好，一般为半透明，结构也比较细，往往看不见颗粒之间的界线（图1-2-14）。

（10）飘蓝花种：亚透明—半透明的无色翡翠中分布丝带状的蓝灰色、灰绿色色带（图1-2-15）。

（11）干白种：白色或浅灰色，质地粗，透明度不佳（图1-2-16）。

图1-2-14　油青种翡翠手镯　　　图1-2-15　飘蓝花种翡翠手镯　　图1-2-16　干白种翡翠手镯

(12) 雷劈种：绿色，有密集平行排列的裂隙（图 1-2-17）。

(13) 白底青：特征是质地较致密，底色白，绿色艳，为翠绿—黄杨绿色，绿色呈团块状，但透明度较差（图 1-2-18）。

图 1-2-17　雷劈种翡翠　　　　　　　　　　　　　图 1-2-18　白底青翡翠手镯

【案例2　颜色系列】

翡翠中除了最具价值的绿色系列以外，还具有紫色、红色、黄色、组合色等颜色系列。

1）紫色系列

紫色在翡翠行业中又称"春色"，是翡翠中常见且价值较高的颜色之一。紫色翡翠的价值取决于紫色的浓艳度及饱和度，有皇家紫、蓝紫、紫罗兰、粉紫、红紫和灰紫等颜色（图 1-2-19）。

皇家紫　　　　　　　蓝紫　　　　　　　粉紫　　　　　　　红紫

图 1-2-19　紫色翡翠

2）红色系列

红色系列翡翠，即红翡，为红褐—褐红色的翡翠，通常透明度较差，粒度较大（图 1-2-20）。

3）黄色系列

黄色系列翡翠，即黄翡，为黄—褐黄色的翡翠（图 1-2-21）。透明度好的红翡和黄翡都比较少见。

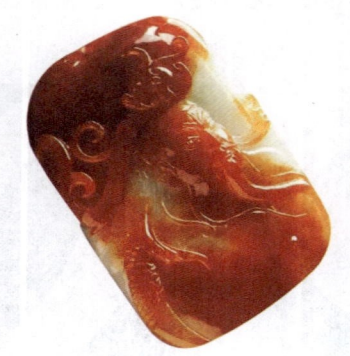 

图 1-2-20　红翡　　　　　　　　　　　　　　　图 1-2-21　黄翡

4)黑色系列翡翠

黑色系列翡翠为黑灰—深墨绿色,包含以下品种。

(1)乌鸡种(山水画种):灰黑—黑灰色的翡翠,因黑色底色中带有白斑,似乌鸡皮而得名(图1-2-22)。颜色一般不均匀,部分黑色翡翠带有不同程度的灰绿色调,浅色部分的灰绿色调更加明显。

(2)墨翠:墨绿色的翡翠,颜色比较均匀、比较纯,一般没有白色的斑点。在反射光下,玉料足够薄时呈黑色或黑绿色;在透射光下,颜色可为亮绿—墨绿色(图1-2-23)。透明度为微透明—半透明,有一定水头。

图1-2-22　乌鸡种翡翠　　　　　　　　图1-2-23　墨翠

5)组合色系列

一块翡翠若同时具有红色、绿色、紫色,则称为"福禄寿翡翠"(图1-2-24),同时具有绿色和紫色的翡翠称为"春带彩翡翠"。一块翡翠中同时出现黄色、绿色,如翠色欲滴的绿色遇上明亮鲜活的黄色,称为"黄带绿翡翠"(图1-2-25)。翡翠中还可同时具有红色、绿色、白色、紫色、黄色5种颜色,称为"五福临门翡翠"(图1-2-26),这种翡翠稀有,市场上很少见到,具有非常高的收藏价值。

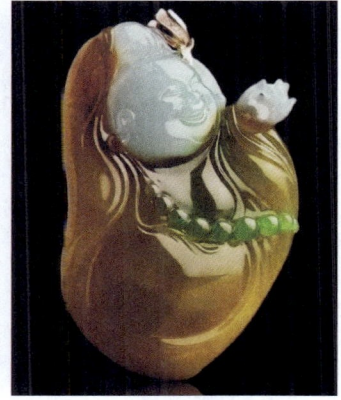

图1-2-24　福禄寿翡翠　　　　图1-2-25　黄带绿翡翠　　　　图1-2-26　五福临门翡翠

【案例3　其他系列】

(1)八三种:一般为灰白色,质地粗且疏松,不透明,常含有数量不等的角闪石。原石于1983年开始大量开采。通常经漂白、充胶、染色后,用来制作B货或B+C翡翠(图1-2-27)。

(2)铁龙生:缅语"铁龙生"为满绿的意思。铁龙生翡翠绿色多且比较均匀,多为原生矿,但是

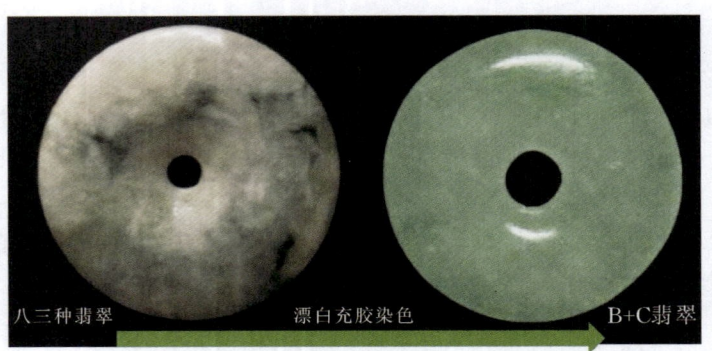

图 1-2-27　八三种翡翠制成的 B＋C 翡翠

水头差,微透明—不透明(图 1-2-28)。在市场上铁龙生翡翠多为复杂的复古雕刻。

（3）干青种：绿色但不透明的翡翠,干青种和铁龙生翡翠外表极其相似(图 1-2-29),但干青种所含钠铬辉石比铁龙生更多。

图 1-2-28　铁龙生翡翠

图 1-2-29　干青种翡翠

缅甸翡翠的特征见图 1-2-30。

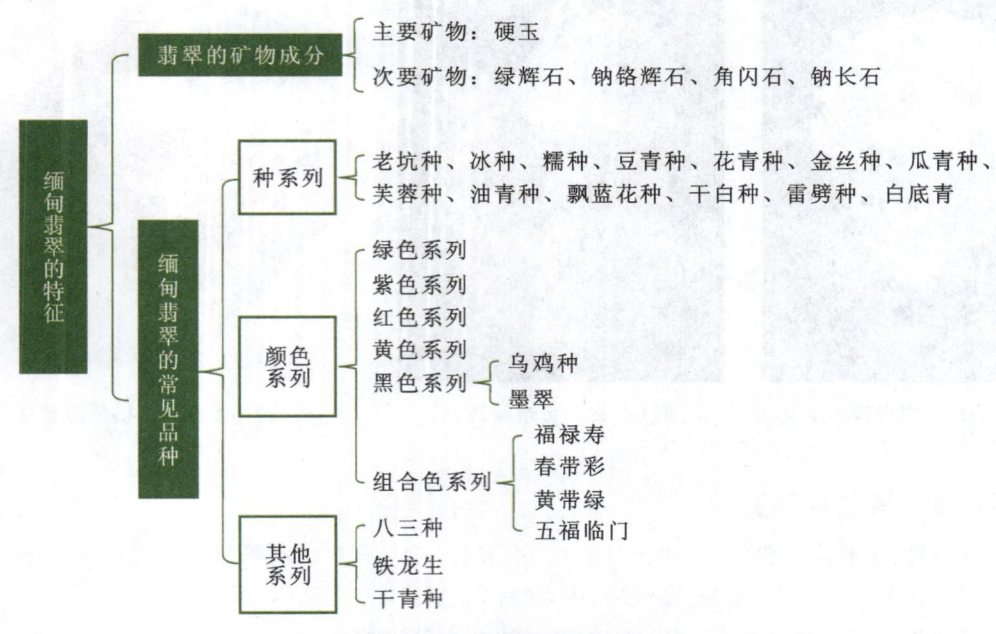

图 1-2-30　缅甸翡翠的特征

2. 任务实施

（1）识别并记录翡翠组成矿物的鉴别特征。
（2）观察并描述样品的品种特征。
（3）确定出缅甸翡翠品种，并准确写出品种名称（表 1-2-1）。

表 1-2-1 缅甸翡翠品种鉴别报告单

样品编号：

序号	考核要求	主要矿物		次要矿物	
1	矿物成分				
2	总体观察	颜色		透明度	
		琢型		光泽	
3	品种名称				

样品编号：

序号	考核要求	主要矿物		次要矿物	
1	矿物成分				
2	总体观察	颜色		透明度	
		琢型		光泽	
3	品种名称				

样品编号：

序号	考核要求	主要矿物		次要矿物	
1	矿物成分				
2	总体观察	颜色		透明度	
		琢型		光泽	
3	品种名称				

任务二　识别危地马拉翡翠的特征

1. 案例分析

【案例 1　颜色品种】

最早于 1974 年发现的危地马拉翡翠矿山（原生和次生矿）面积约为 1.6 km²，出产绿色、黑色和白色的翡翠，矿物组成与缅甸翡翠有区别。第二个矿山是 1987 年发现的，产出一种名为"银河黄金玉"（galactic gold）的黑色品种（图 1-2-31）。1998 年淡紫色的翡翠品种被人发现。

危地马拉翡翠按照颜色大约可以分为 5 类。

（1）白色系列：多为白豆种，主要由硬玉组成，还含有钠长石（图1-2-32）。

（2）绿色系列：绿色的危地马拉翡翠是当地翡翠中最为稀有和珍贵的品种（图1-2-33），最好的绿色被称为"危地马拉帝王绿"，能与缅甸帝王绿相媲美。除此以外，危地马拉绿色翡翠也有半透明—微透明的浅绿色品种。

图1-2-31　危地马拉银河黄金玉　　　　　　　　图1-2-32　危地马拉白色翡翠

图1-2-33　危地马拉高品质绿色翡翠

危地马拉绿色翡翠中有一类墨绿色、灰绿色的品种，其中主要矿物成分硬玉的Ca、Mg含量较高，为绿辉石质硬玉玉或硬玉质绿辉石玉。市场上常见暗绿色系列，如墨绿色、灰绿色、蓝绿色，多为油青种（图1-2-34）。

（3）蓝水系列：蓝绿—浅蓝色，一般粒度较细，种水比较好，具水润清透、亮泽柔和的美感（图1-2-35）。

（4）紫色翡翠：于1998年被发现，其颜色与紫丁香非常相似，为淡紫色，半透明，主要矿物成分为硬玉（图1-2-36），比较少见。

图1-2-34　危地马拉墨绿色翡翠

图1-2-35　危地马拉蓝水翡翠

大多危地马拉紫色翡翠底色为白色,整体的蓝紫色调由蓝紫色团块状的硬玉颗粒组成,还有粉红色钙铝榴石团块。而无色透明的钠长石颗粒则出现于粉红色团块及蓝紫色团块中。危地马拉紫色翡翠颗粒粗大,透明度较差,结构粗糙。

(5)黑色系列:是主要由绿辉石组成的黑色翡翠,有时会含有黄铁矿,当黄铁矿较多、较明显时,当地人称为"星河种"(图1-2-37)。

图1-2-36　危地马拉紫色翡翠

图1-2-37　危地马拉星河种翡翠

危地马拉翡翠的矿物成分符合国家标准对翡翠的定义。我国的质检机构都能对其出具A货翡翠的证书。但市场上常见的危地马拉翡翠普遍偏灰、偏暗。近年来市场色好种好的危地马拉翡翠越来越多,逐渐成为中国翡翠市场的重要品种(图1-2-38)。

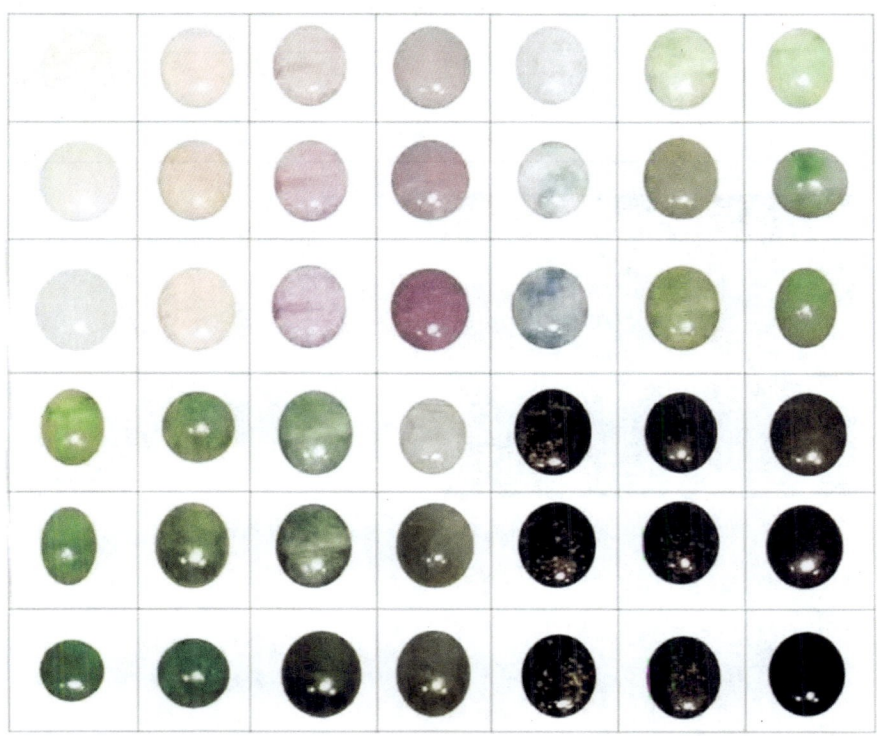
图1-2-38　危地马拉翡翠的不同色系

【案例2　危地马拉翡翠与缅甸翡翠的特征识别】

危地马拉翡翠与缅甸翡翠的特征对比见表1-2-2。

表1-2-2　危地马拉翡翠和缅甸翡翠的特征对比（据Hargett，1990修改）

特征	危地马拉翡翠	缅甸翡翠
时代	中生代白垩纪	新近纪
地质构造	产于北美加勒比海板块的碰撞带内	产于印度洋板块东部俯冲带内
产状	原生矿都呈脉状、构造板状、透镜状或扁豆状，长数米至数十米，宽数厘米至数米	
矿物组成	硬玉、绿辉石、钠长石、多硅白云母、榍石等	硬玉、钠铬辉石、绿辉石等
端元成分	透辉石的含量较高，一般高于10%	硬玉的含量较高，一般高于90%
颜色	多为偏灰、偏暗的绿色，绿色较浅，还可以是带有灰黑色斑的草绿色、杂色和淡紫色等。可含金属矿物包体	绿色、黄色、红色或淡紫色、白色、黑色等。绿色较鲜艳
结构	粗粒，绝大多数肉眼可见粒状结构（图1-2-39）	细粒，一般肉眼无颗粒感，放大多见纤维交织结构（图1-2-40）
透明度	微透明—不透明，半透明者少见	透明度比危地马拉翡翠好
光泽	油脂光泽或玻璃光泽	玻璃光泽
查尔斯滤色镜下的反应	淡蓝绿色品种呈淡红色	均为惰性
紫外可见光谱	437 nm处的吸收线，但少见Cr的光谱	437 nm处的吸收线，绿色者多有Cr吸收光谱
折射率	1.65～1.67	1.65～1.67
相对密度	3.26～3.31	3.25～3.34

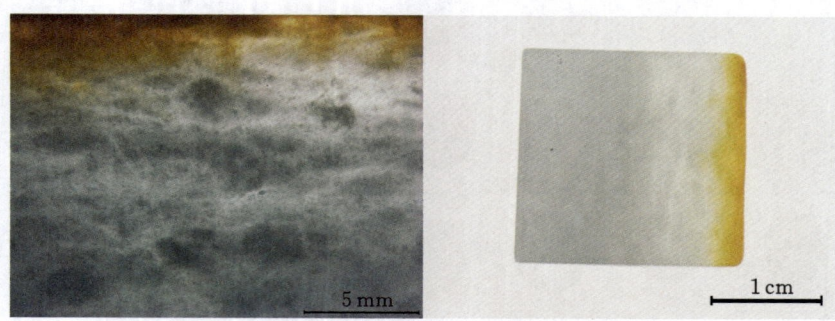

图1-2-39　危地马拉翡翠大多具有粒状结构

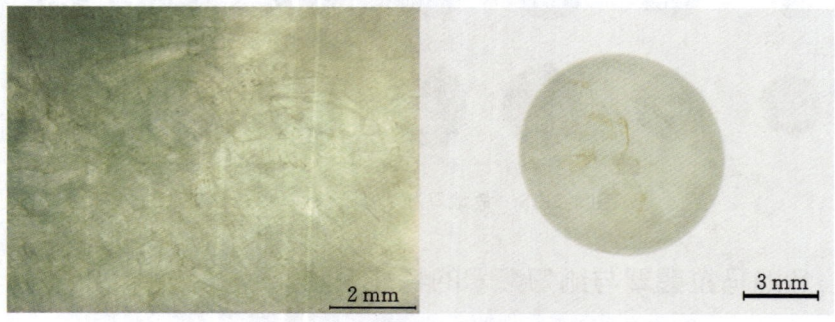

图1-2-40　缅甸翡翠大多具有纤维交织结构

2. 任务实施

（1）识别并记录危地马拉翡翠组成矿物的鉴别特征。

（2）观察危地马拉翡翠样品的整体特征，并填写表 1-2-3。

表 1-2-3　危地马拉翡翠品种鉴别报告单

样品编号：

序号	考核要求	主要矿物		次要矿物	
1	矿物成分				
2	总体观察	颜色		透明度	
		琢型		光泽	
3	品种名称				

样品编号：

序号	考核要求	主要矿物		次要矿物	
1	矿物成分				
2	总体观察	颜色		透明度	
		琢型		光泽	
3	品种名称				

样品编号：

序号	考核要求	主要矿物		次要矿物	
1	矿物成分				
2	总体观察	颜色		透明度	
		琢型		光泽	
3	样品名称				
3	品种名称				

样品编号：

序号	考核要求	主要矿物		次要矿物	
1	矿物成分				
2	总体观察	颜色		透明度	
		琢型		光泽	
3	品种名称				

五、项目评价

本次项目评价考核由自评、互评和师评 3 个部分组成（表 1-2-4），其中自评占 20％、互评占 40％、师评占 40％。

表 1-2-4　工作过程评价表

组号		班级学号		姓名		标本组号		总成绩	
序号	项目	考核内容	配分标准	得分			项目成绩		
				自评 20%	互评 40%	师评 40%			
1	团队协作	与小组成员和谐相处,互相学习,互相帮助,团队分工明确	10 分						
2	操作过程	翡翠样品矿物成分判断准确	11 分	70 分					
		翡翠样品透明度特征结论准确,记录规范	6 分						
		翡翠样品颜色特征结论准确,记录规范	6 分						
		翡翠样品琢型特征结论准确,记录规范	6 分						
		翡翠样品光泽特征结论准确,记录规范	6 分						
		翡翠样品定名准确,记录规范	15 分						
		流程完整规范	8 分						
		标本无损坏、无污染	6 分						
		保持工位整洁	6 分						
3	学习态度	态度积极,遵守纪律,学习目标明确	10 分						
4	解决问题的能力	能顺利解决问题	10 分						

六、课外拓展

在翡翠市场或者在网上寻找危地马拉翡翠与缅甸翡翠,对它们进行鉴别,分析危地马拉翡翠与缅甸翡翠主要品种的特征。

【思政点　紧盯学术前沿,激发创新意识】

2019 年"中国赌石第一案"发生,在赌石"切垮"后,玉石商被指控虚构赌石产地,引发广泛讨论。翡翠产地鉴别在市场中十分重要。现阶段没有权威的方法鉴别翡翠的产地,正规质检机构一般不出具产地鉴别证书,因此售卖带产地标识的原石容易引发经济纠纷。同学们可以在学习中以产地鉴别为研究课题,紧盯学术前沿,激发创新意识。

思政点
紧盯学术前沿,
激发创新意识

项目三 识别翡翠的矿物成分

一、情景导入

翡翠市场上有很多商品,如玻璃种、冰种、铁龙生、干青种、水沫子、八三玉、磨西西等(图1-3-1),其中哪些是翡翠,如何去鉴别它们呢?作为珠宝公司的采购员,需要会判断哪些是翡翠,还要从市场上采购不同品种的翡翠。

玻璃种　　　　　冰种　　　　　铁龙生　　　　　水沫子

图 1-3-1　翡翠市场不同品种

二、学习目标

知识目标:了解翡翠的主要组成矿物;熟悉市场上不同翡翠的矿物组成;掌握鉴别不同品种的翡翠及相似玉石的关键点。

能力目标:通过观察、描述和分析翡翠及矿物成分相似玉石主要组成矿物的特征,确定翡翠品种,以及相似玉石名称。

素养目标:通过课堂实践,掌握翡翠矿物成分、市场商业品种类型特征相关知识点,培养良好的沟通、综合表达能力。学生通过记笔记,培养良好的学习习惯。

三、背景知识

在国家标准《珠宝玉石　鉴定》(GB/T 16553—2017)中,翡翠定义为主要由硬玉或由硬玉及其他钠质、钠钙质辉石(钠铬辉石,绿辉石)组成的、具工艺价值的矿物集合体,可含少量角闪石、长石、铬铁矿等矿物。通过矿物组成,我们可以判断样品是否为翡翠。

硬玉化学式为 $NaAlSi_2O_6$,其化学成分理论值为 SiO_2 59.44%,Al_2O_3 25.22%,Na_2O 15.34%,可含微量元素 Cr、Ni、Mn、Mg、Fe 等。辉石族矿物的晶体化学通式可以表示成 $M2M1 Si_2O_6$,其中 Na^+、Ca^{2+}、Li^+、Fe^{2+} 等阳离子占据晶体结构中的 M2 位置,Mn^{2+}、Mg^{2+}、Fe^{3+}、Al^{3+}、Ti^{4+} 等阳离子占据晶体结构中的 M1 位置。元素间存在类质同象替代,硬玉与绿辉石、钙铁辉石系列形成广泛的固溶体。硬玉中 M1 位置 Al 被 Cr 部分替换,形成钠铬辉石(图1-3-2)。Roever(1955)及欧阳秋梅(2000)在研究缅甸矿床后提出区域变质成因,认为翡翠在区域变质作用过程中,钠长石脱 SiO_2 变为硬玉及石英。但是这个观点没有解决翡翠产区普遍缺乏石英的问题。现在科学家也普遍不认同这个成因观点,但是钠长石无论是在空间位置上还是化学成分上,都与硬玉关系密切。

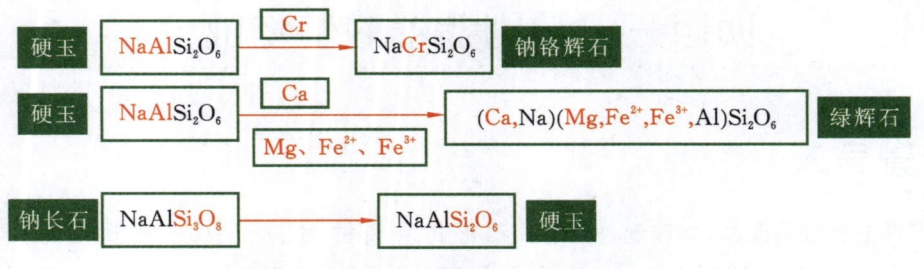

图 1-3-2　翡翠中的矿物成分

四、项目过程(图 1-3-3)

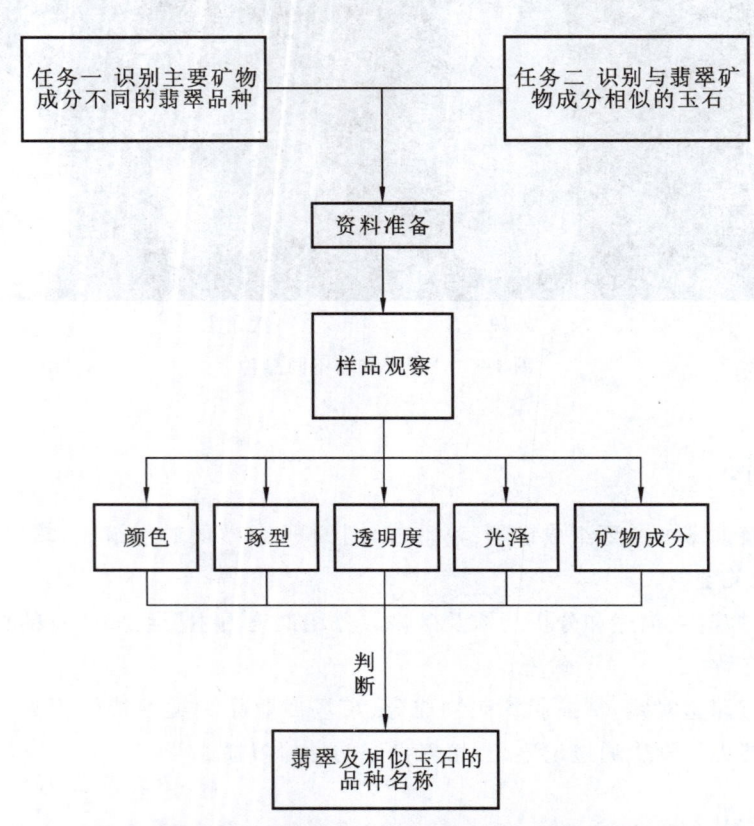

图 1-3-3　识别主要矿物成分不同的翡翠及矿物成分相似的玉石项目过程

▍任务一　识别主要矿物成分不同的翡翠品种 ▍

1. 案例分析

【案例 1　以硬玉为主要成分的翡翠】

翡翠中 90%～95% 的矿物成分都是硬玉的品种有玻璃种、冰种、糯种、豆种等。一般高品质翡翠硬玉含量较高(图 1-3-4、图 1-3-5)。

图 1-3-4 以硬玉为主的高品质翡翠

| 玻璃种 | 冰种 | 糯种 | 豆种 |

图 1-3-5 以硬玉为主的翡翠

【案例 2 以硬玉、绿辉石为主要成分的翡翠】

由于含 Ca、Mg、Fe 较多,翡翠多呈蓝绿色、墨绿色。绿辉石中含 Fe、Ca 较多,颜色为不正的绿色,带灰色调或偏蓝—黑色,往往呈纤维状晶形。以硬玉、绿辉石为主要成分的翡翠有两个品种:颜色接近黑色的为墨翠;颜色较浅呈灰绿色的,市场上称为"油青种翡翠"(图 1-3-6)。油青种翡翠的绿色含灰色、蓝色调,因此较为沉闷,不够鲜艳。

墨翠因为绿色过于浓重深沉,外观呈黑色。墨翠在普通光线下颜色乌黑,但在透光条件下,为中等深度的绿—深绿色。高品质的墨翠在透光条件下,呈现通透的绿色,质地细腻(图 1-3-7)。

【案例 3 以硬玉、钠铬辉石为主要成分的翡翠】

以硬玉、钠铬辉石为主要成分的翡翠有铁龙生(图 1-3-8)、干青种翡翠(图 1-3-9)。钠铬辉石由于含有较多 Cr 而呈浅绿—深绿色。铁龙生整体绿色浓郁,满绿但局部为黑色,水头较差。干青种翡翠较铁龙生翡翠含更多的钠铬辉石,其颜色与铁龙生翡翠类似,呈鲜艳的绿色、孔雀绿色或黄绿色,但这些颜色并不均匀。干青种翡翠不透明,光泽弱,整体呈现很"干"的感觉,结构也比较粗糙,内部经常出现裂纹。

灰绿色绿辉石

灰绿色绿辉石

灰绿色绿辉石

普通光源下为黑色

强光源下透射则呈绿色

图 1-3-6　油青种翡翠　　　　　　　图 1-3-7　冰种墨翠吊坠

图 1-3-8　铁龙生翡翠

图 1-3-9　干青种翡翠

【案例4　以硬玉、钠长石为主要成分的翡翠】

八三种翡翠分布在翡翠矿体的边缘,钠长石含量较高。暗绿—黑色角闪石常以斑晶出现,行内称之为"癣"(图1-3-10、图1-3-11)。

图1-3-10　八三种翡翠

八三种翡翠虽然以硬玉为主要成分,但其结构、质地粗糙,为B货翡翠的常用原料。八三种翡翠常经强酸强碱漂白除癣,充胶提高透明度。处理后的B货翡翠仍然保留原生绿色,但结构、颜色、透明度、硬度、光泽等都发生了变化,通常外观较晶莹通透,常飘花,并且价格低廉,佩戴时间长则光泽明显会变暗淡。B货翡翠光泽一般较差,为树脂或油脂光泽。

矿物成分不同,翡翠的种水和颜色也不同(图1-3-12)。

图1-3-11　八三种翡翠手镯

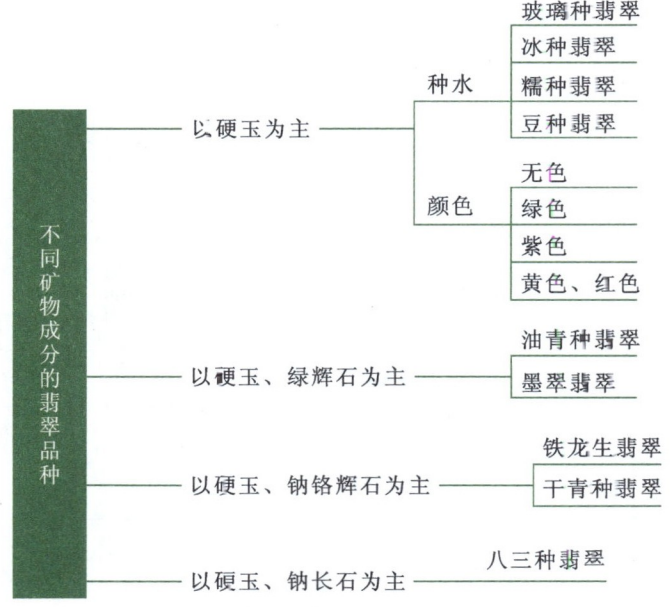

图1-3-12　不同矿物成分的翡翠品种总结图

2. 任务实施

（1）识别并记录不同翡翠中主要矿物的鉴别特征。

（2）根据主要矿物成分确定出翡翠品种，并准确写出品种名称（表1-3-1）。

表1-3-1　主要成分不同的翡翠的鉴别报告单

样品编号：

序号	考核要求	主要矿物		次要矿物	
1	矿物成分				
2	总体观察	颜色		透明度	
		琢型		光泽	
3	仪器鉴定特征	结构		折射率	
		相对密度		其他	
4	品种名称				

样品编号：

序号	考核要求	主要矿物		次要矿物	
1	矿物成分				
2	总体观察	颜色		透明度	
		琢型		光泽	
3	仪器鉴定特征	结构		折射率	
		相对密度		其他	
4	品种名称				

样品编号：

序号	考核要求	主要矿物		次要矿物	
1	矿物成分				
2	总体观察	颜色		透明度	
		琢型		光泽	
3	仪器鉴定特征	结构		折射率	
		相对密度		其他	
4	品种名称				

任务二 识别与翡翠矿物成分相似的玉石

1. 案例分析

在翡翠市场中,与翡翠矿物成分相似的玉石有水沫子(钠长石玉)、磨西西等(图 1-3-13、图 1-3-14)。

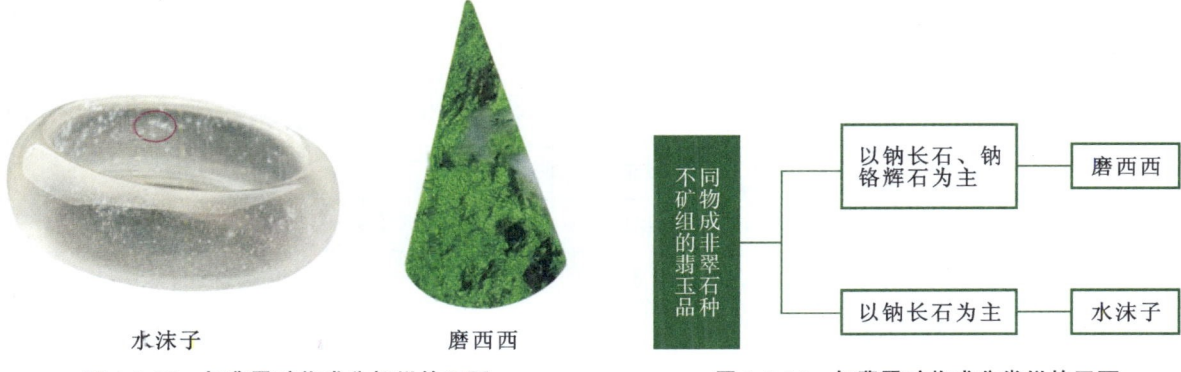

图 1-3-13　与翡翠矿物成分相似的玉石

图 1-3-14　与翡翠矿物成分类似的玉石

【案例1　磨西西】

磨西西(还可译为摩西西、莫西西)是以钠长石、钠铬辉石为主的玉石。磨西西不属于翡翠,因产于缅甸北部矿区磨西西而得名。磨西西是一种鲜绿色带黑斑的多晶质集合体,与翡翠外观相似,难以区分(图 1-3-15)。

磨西西一般由深绿色、透明度差的钠铬辉石和浅色、透明度高的钠长石交织排列组成,并伴随黑色斑块状的角闪石微晶,其中钠长石含量大于50%。磨西西里的可含硬玉,但往往分布很不均匀。磨西西折射率一般为1.53左右,测到的折射率为钠长石的折射率。相对密度为2.60,摩氏硬度为6~6.5。

【案例2　水沫子】

钠长石在翡翠中仅少量出现。以钠长石为主要成分的玉石称为"钠长石玉",又称"水沫子"。水沫子常呈无色、白色,为纤维状—近等粒的粒状结构(图 1-3-16),折射率为1.52~1.54,相对密度为2.6~2.7,摩氏硬度为6。钠长石单晶具有两组交角近90°的解理。

图 1-3-15　磨西西

图 1-3-16　水沫子

031

2. 任务实施

(1) 识别并记录与翡翠矿物成分类似的玉石的鉴别特征。

(2) 确定出玉石样品的品种,并准确写出品种名称(表 1-3-2)。

表 1-3-2　与翡翠矿物成分相似玉石的鉴别报告单

样品编号:					
序号	考核要求	主要矿物		次要矿物	
1	矿物成分				
2	总体观察	颜色		透明度	
		琢型		光泽	
3	仪器鉴定特征	结构		折射率	
		相对密度		其他	
4	样品名称				

样品编号:					
序号	考核要求	主要矿物		次要矿物	
1	矿物成分				
2	总体观察	颜色		透明度	
		琢型		光泽	
3	仪器鉴定特征	结构		折射率	
		相对密度		其他	
4	样品名称				

样品编号:					
序号	考核要求	主要矿物		次要矿物	
1	矿物成分				
2	总体观察	颜色		透明度	
		琢型		光泽	
3	仪器鉴定特征	结构		折射率	
		相对密度		其他	
4	样品名称				

五、项目评价

本次项目评价考核由自评、互评和师评 3 个部分组成(表 1-3-3),其中自评占 20%、互评占 40%、师评占 40%。

表 1-3-3　工作过程评价表

组号		班级学号		姓名		标本组号			总成绩	

序号	项目	考核内容	配分标准	得分			项目成绩
				自评 20%	互评 40%	师评 40%	
1	团队协作	与小组成员和谐相处,互相学习,互相帮助,团队分工明确	10分				
2	操作过程	样品矿物成分判断准确	5分				
		样品透明度特征结论准确,记录规范	5分				
		样品颜色特征结论准确,记录规范	5分				
		样品琢型特征结论准确,记录规范	5分				
		样品光泽特征结论准确,记录规范	5分				
		样品结构特征结论准确,记录规范	5分	70分			
		样品折射率测定准确,记录规范	5分				
		样品相对密度测定准确,记录规范	5分				
		样品其他特征结论准确,记录规范	5分				
		定名准确,记录规范	10分				
		流程完整规范	5分				
		标本无损坏、无污染	5分				
		课程结束,按要求保持工位整洁	5分				
3	学习态度	态度积极,遵守纪律,学习目标明确	10分				
4	解决问题的能力	能顺利解决问题	10分				

六、课外拓展

根据本项目所学内容在翡翠市场上寻找对应的翡翠品种和磨西西、水沫子,并分析它们的特征,辨别翡翠与相似玉石。

【思政点　关注细节特征，注重知识积累】

随着翡翠价格逐年攀升，翡翠市场不断发展，市场上商品繁多，很多外观相似的玉石冒充翡翠进行售卖。若对翡翠的矿物成分和特征认识不足，就很容易判断错误而买到假货。同学们在观察不同品种翡翠的时候，要宏观把控、多关注细节、注重积累，如此，才能够成为一名合格的专业技术人员。

模块二　翡翠的鉴定

项目一　翡翠与相似宝玉石的鉴别

一、情景导入

王某去景区旅游,来到一个卖珠宝的摊档(图 2-1-1),他见此处的"翡翠"又漂亮又便宜,带着捡漏的心理一口气买下了 10 件,打算回家送给亲朋好友。回家后,他来到我们的宝玉石鉴定实训室,希望我们帮他检测一下购买的货品是否都为翡翠。

图 2-1-1　王某购物摊档

二、学习目标

知识目标:掌握翡翠及相似宝玉石的鉴定要点;熟悉翡翠和相似宝玉石的区分要点。

能力目标:通过项目任务理清翡翠鉴定思路;能通过肉眼初步辨别翡翠与相似宝玉石;能用放大镜和显微镜进一步区分翡翠与相似宝玉石;能用其他仪器准确鉴别翡翠与相似宝玉石;能准确描述各项鉴定特征,并规范定名。

素养目标:通过查阅资料、整理资料,培养自主学习能力;通过课堂实践,熟悉宝玉石鉴定流程及要求,提高劳动素质和能力,养成规范工作的良好习惯。

三、背景知识

1. 天然翡翠的鉴定特征

1) 肉眼观察

观察样品的颜色、光泽等特征,看是否符合翡翠的特征。

（1）颜色：常见的颜色有无色、白色、各种色调的绿色、黄色、红橙色、褐色、灰色、黑色、粉色、浅紫红色、紫色、蓝色等，还有不同颜色的组合（图2-1-2）。

图2-1-2　各种颜色的翡翠

① 原生色。翡翠主要的颜色类型是原生色，原生色是指组成翡翠的原生矿物所产生的颜色，如白色、绿色、紫色、墨绿色和黑色等。据目前的研究成果，翠绿色与含铬（Cr）硬玉有关。绿色的形态常与硬玉的分布有关，俗称"色根"（图2-1-3），色根是天然翡翠的肉眼鉴定特征之一。而紫色翡翠通常由锰（Mn）致色或铁（Fe）和钛（Ti）联合致色，使整颗硬玉晶粒呈紫色。紫色大多比较浅，成片分布（图2-1-4）。

图2-1-3　绿色翡翠中的色根　　翡翠绿色色根　　图2-1-4　紫色翡翠

② 次生色。翡翠在地表或近地表经受风化作用及水岩反应，在矿物的晶粒之间充填了后期次生致色矿物而形成的颜色为次生色，如黄色、红褐色、褐红色、灰绿色和灰黑色等（图2-1-5）。次生色叠加在原生色上，使原生色带上各种灰暗的色调，造成颜色的鲜艳度下降，行家把这种情况称为"底脏"。

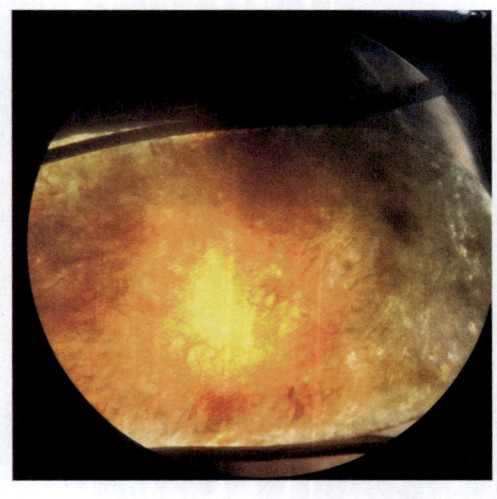

图2-1-5　次生色翡翠

（左：黄色翡翠；右：油青种翡翠）

黄色、红色由含铁矿物充填在翡翠晶粒间形成的;油青种翡翠颗粒的间隙中充填了绿泥石微晶和其他非晶质的硅酸盐,形成灰绿、灰蓝绿和褐绿等色调。次生色集中在颗粒间隙和小裂隙中,与染色类似。

(2)光泽:一般为玻璃光泽—油脂光泽。

(3)特殊光学效应:猫眼效应(罕见)。

2)放大观察

(1)结构:翡翠为多种矿物的复杂集合体,结构类型多样,常见柱状镶嵌结构、柱状变晶结构、齿状镶嵌结构、纤维交织结构、不等粒变晶结构、碎裂结构和交代结构等,其中最常见的为粒状或柱状变晶结构、纤维交织结构、粒状纤维结构(图 2-1-6)。

纤维放射状结构

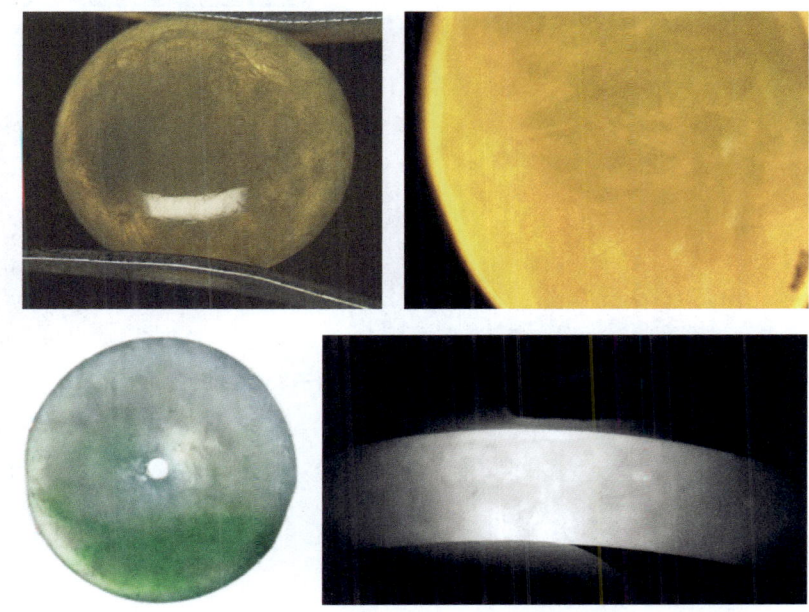

图 2-1-6　翡翠的各种结构典型示例图

(上:纤维交织结构;下:不等粒变晶结构)

此外,翡翠的结构与透明度、质地有一定对应关系:当硬玉晶粒越细、结构镶嵌越致密时,翡翠透明度越高,质地越细腻;反之,粗粒和疏松结构的翡翠透明度较低。

(2)翠性:翡翠主要的组成矿物——硬玉具两组完全解理,其中接近表面的解理面对光线的镜面反射,会形成像昆虫翅膀似的闪光,称为"翠性"(图 2-1-7)。翡翠表面这些星点状、针状、片状微小的解理面闪光,是翡翠独有的特征,可通过此特征区分翡翠与相似宝玉石。

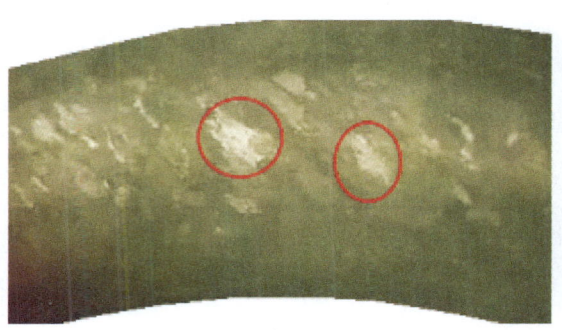 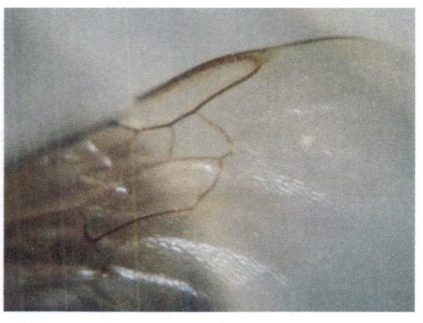

图 2-1-7　翡翠的"翠性"似昆虫翅膀的闪光

（3）橘皮效应：组成翡翠的硬玉颗粒排列方向不一致，导致在表面上出露的硬玉颗粒方向不一致，切磨时由于差异硬度，有些地方下凹，形成凹凸不平的表面，类似橘子皮的表面。翡翠这种表面凹凸不平的现象，称为"橘皮效应"（图 2-1-8）。

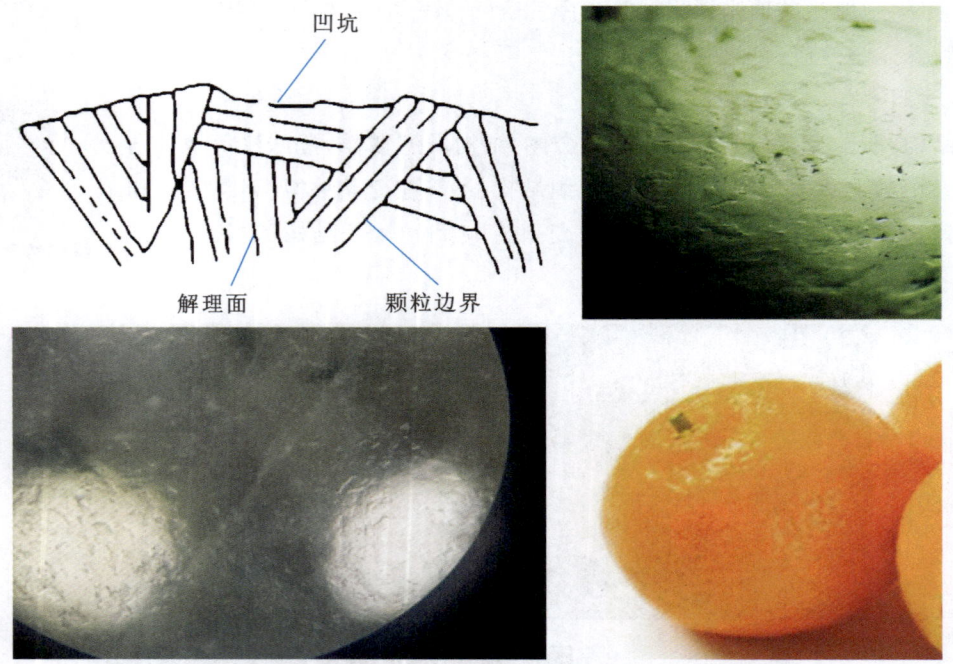

图 2-1-8　翡翠的橘皮效应似橘子表皮特征

3）仪器鉴定

通过除了宝石放大镜和显微镜之外的其他常见珠宝鉴定仪器，如摩式硬度计、电子天平、偏光镜、二色镜、折射仪、紫外荧光灯、红外光谱仪等进行系统鉴定，获取样品的各个鉴定参数；比对天然翡翠的参数，最终识别样品是否为天然翡翠。

天然翡翠的各项鉴定参数和特征如下。

摩氏硬度：6.5～7。

相对密度：3.34（+0.11，-0.09）。

光性特征：非均质集合体。

多色性：集合体不可测。

折射率：1.666～1.690（+0.020，-0.010），点测法常为 1.66（图 2-1-9）。

双折射率：集合体不可测。

紫外荧光特征：天然翡翠荧光无—弱，色调为白色、绿色、黄色。但大多数天然翡翠基本上没有紫外荧光，尤其是翠绿色、绿色、墨绿色、黑色和红色的翡翠，在长波（365 nm）和短波（254 nm）的紫外光下，都不发荧光。只有部分白色的翡翠，在长波紫外光下有弱的橙色荧光。

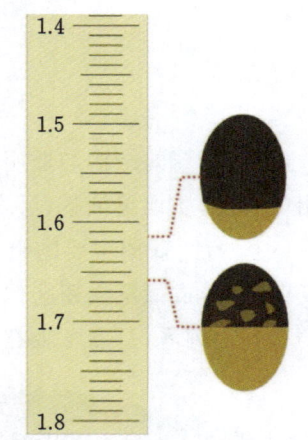

图 2-1-9　翡翠的折射率（点测法）

注意：由于翡翠的荧光弱，观察时一定要注意避免可见光的干扰，最好将样品放在暗箱中观察。因为如果有可见光存在，就难以分清到底是翡翠表面的反射光，还是翡翠在紫外光的激发下发出的荧光。

紫外可见光谱：437 nm 吸收线；铬致色的绿色翡翠具 630 nm、660 nm、690 nm 吸收线(图 2-1-10)。

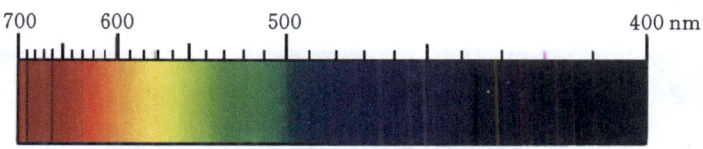

图 2-1-10　铬致色绿色翡翠的紫外可见光谱

翡翠的红外光谱特征：中红外区具硬玉或辉石(单斜辉石)中 Si—O 等基团振动所致的特征红外吸收谱带(图 2-1-11)。

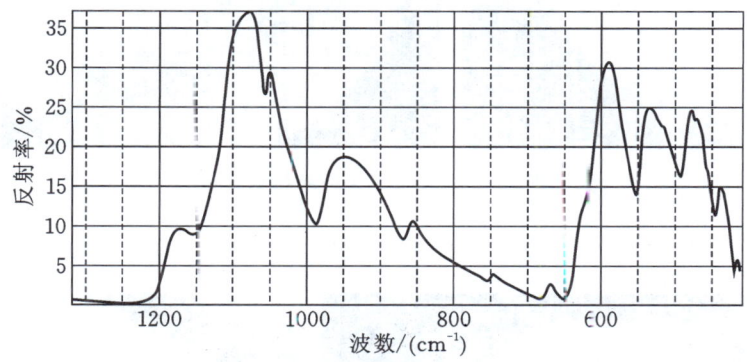

图 2-1-11　以硬玉集合体为主要矿物的翡翠红外反射谱图

[图片来源：《珠宝玉石鉴定 红外光谱法》(GB/T 42433—2023)]

2. 相似宝玉石的结构特征

翡翠为多晶质集合体，通过放大观察到的结构特征，对于鉴定翡翠及相似宝玉石，具有重要的意义。尤其是白色品种，在其他外观特征不典型的情况下，结构特征尤为重要。

(1) 软玉：为纤维交织状(毛毡状)结构，颗粒较翡翠更细小，外观更细腻。通过强光源照射，可以较明显地观察到相应结构(图 2-1-12)。

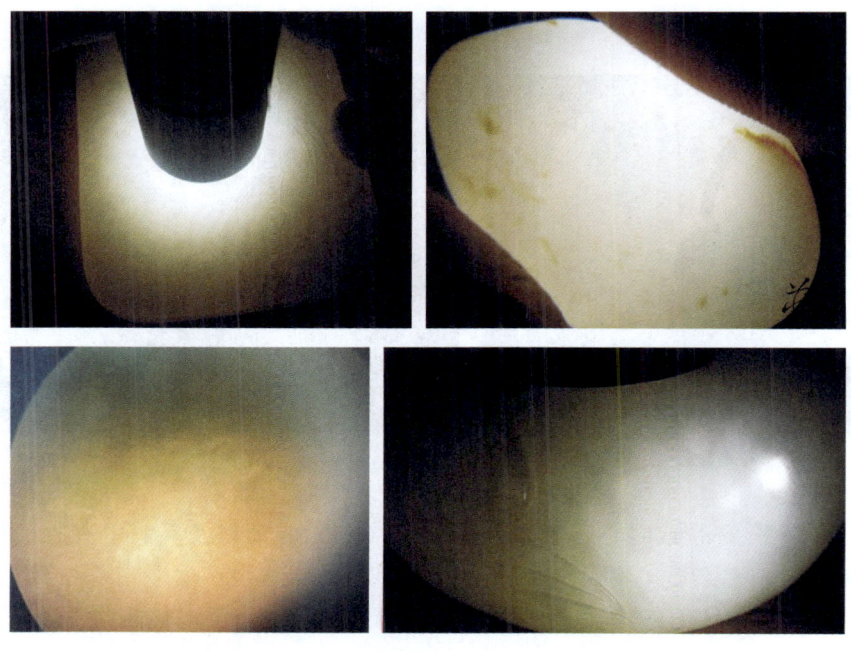

图 2-1-12　软玉中的纤维交织状(毛毡状)结构

(2) 独山玉：组成矿物粒度较小，平均粒度小于 0.05 mm，为细粒或隐晶质结构（图 2-1-13），质地致密。但大多透明度较差。

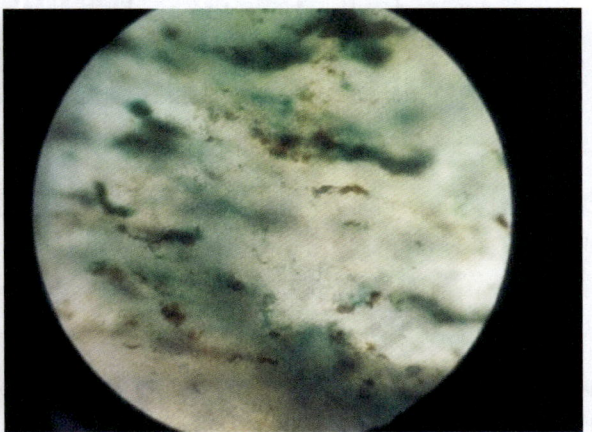

图 2-1-13　独山玉中的细粒状结构

(3) 石英岩玉：为等粒状结构，表面常形成网纹（图 2-1-14），明显区别于翡翠。

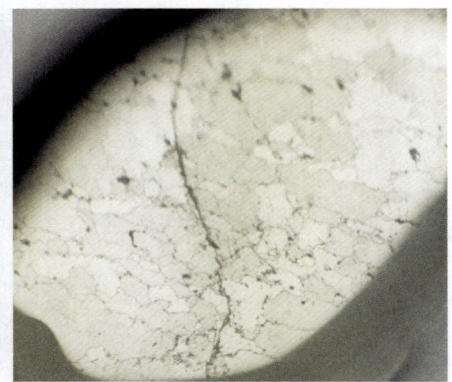

图 2-1-14　石英岩玉中的等粒状结构及表面网纹

(4) 玉髓：为隐晶质结构，绝大多数用肉眼看不到颗粒，质地十分细腻（图 2-1-15）。

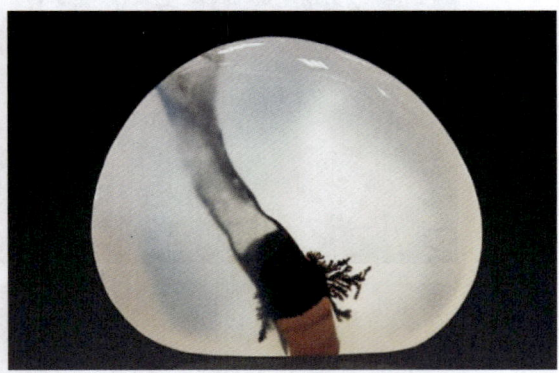

图 2-1-15　玉髓的隐晶质结构

(5) 玛瑙：具条带、环带或同心层状构造等（图 2-1-16），带间以及晶洞中有时可见细粒石英晶体。其中，碧石因含较多杂质矿物而呈微透明—不透明，粒状结构。

(6) 岫玉：为由极细粒的纤维状、叶片状蛇纹石组成的致密块状体，结构细腻，基本看不到颗粒（图 2-1-17）。

图 2-1-16　玛瑙的条带状构造

图 2-1-17　岫玉的极细粒结构

岫玉典型特征

(7) 钠长石玉：为纤维状—粒状结构（图 2-1-18），大多透明度较好，多为透明—半透明，相当于翡翠的冰地到藕粉地，但钠长石玉不具有翠性。

图 2-1-18　钠长石玉的粒状结构

（8）葡萄石：为微晶质，质地均匀，有典型的纤维状结构，放射状构造（图2-1-19）。

图 2-1-19　葡萄石中的纤维状结构

葡萄石典型特征

（9）大理石：一般质地疏松，晶粒较粗大，可见明显的颗粒感。解理发育，可见解理面闪光，与翡翠的翠性有些相似，要注意区别（图2-1-20）。有的大理石还具条带或层状构造。

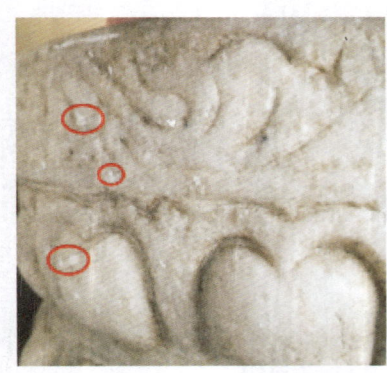 

图 2-1-20　大理石的粗粒状结构及解理面闪光

大理石典型特征

（10）水钙铝榴石：绿色部分晶体通常较大，为粗粒状结构（图2-1-21），和豆种翡翠类似，但不具翠性。

图 2-1-21　水钙铝榴石的粗粒状结构

水钙铝榴石典型特征

（11）绿松石：为隐晶质结构、粒状结构，致密块状构造，常含暗色或白色、黄褐色网脉状、斑点状杂质（图 2-1-22）。

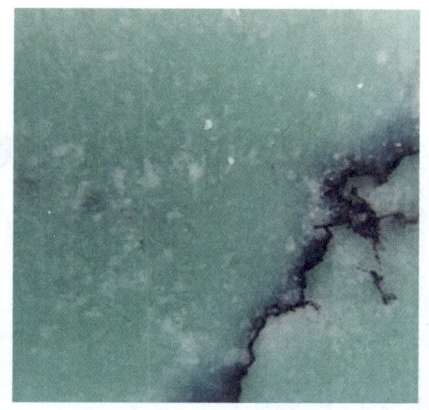

图 2-1-22　绿松石隐晶质结构及白斑、黑色铁线

268-1 绿松石典型特征

（12）孔雀石：有条带、环带或同心层状构造，放射纤维状构造（图 2-1-23）。

（13）天河石：为单晶体，不具有多晶集合体的结构特征，看不到粒状结构，常常可见解理面，解理面有闪光，与翡翠的翠性相似。但天河石的解理面很大，方向单一（图 2-1-24），与翡翠杂乱的翠性闪光不同。

图 2-1-23　孔雀石的结构

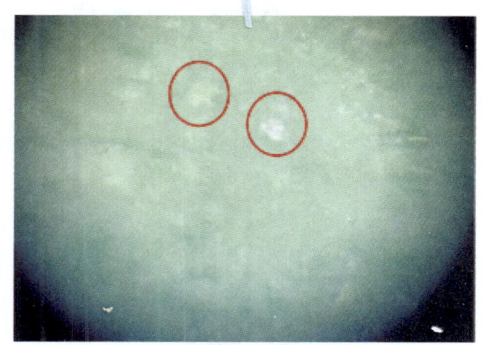

图 2-1-24　天河石中的解理面闪光

（14）祖母绿：为单晶宝石，结构上与多晶质翡翠有较明显差异。

（15）玻璃：为非晶体，外观细腻，无颗粒感。有的脱玻化玻璃内部可见放射状、镶嵌状图案（图 2-1-25）。

图 2-1-25　脱玻化玻璃内部的放射状、镶嵌状图案

3. 相似的宝玉石的颜色特征

（1）软玉：一般颜色分布均匀。和绿色翡翠相似的多为碧玉或翠青（图2-1-26）：碧玉大多绿色均匀，无色根，有时可见黑色色斑、浅色条纹（水线）或团块（图2-1-27）；翠青颜色较鲜亮，大多为翠绿色，颜色一般为白—浅绿—绿色过渡，亦无色根。

图 2-1-26　碧玉（左）和翠青（右）

图 2-1-27　碧玉中的黑色色斑、浅色条纹（水线）

（2）独山玉：色调多样，一般颜色较为斑杂，在同一块样品上可出现多种颜色，常见绿色、褐色、浅黄色的组合，和迷彩服的颜色很相似（图2-1-28），很典型。绿色独山玉的颜色是由沿小裂隙分布的铬云母形成的（图2-1-29），呈片状，排列具有一定的方向感，而且颜色偏蓝、偏灰，不够鲜艳。

  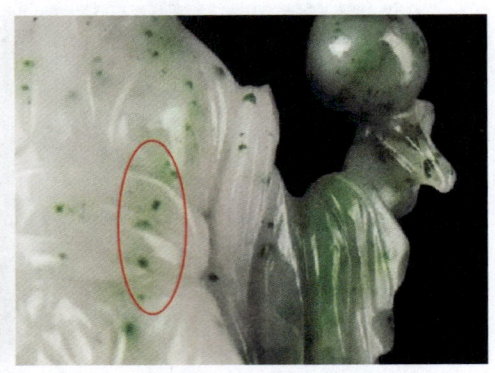

图 2-1-28　独山玉颜色的分布类似迷彩服　　　　图 2-1-29　独山玉中的绿色铬云母

(3) 石英质玉：天然的石英质玉可有各种颜色，与翡翠相似的多为绿色石英质玉。天然绿色石英质玉有各种色调的绿色，也常带蓝色调（图2-1-30）。

此外，石英质玉的特殊品种东陵石中还常见绿色呈片状、点状分布（图2-1-31）。

图2-1-30　绿色石英质玉

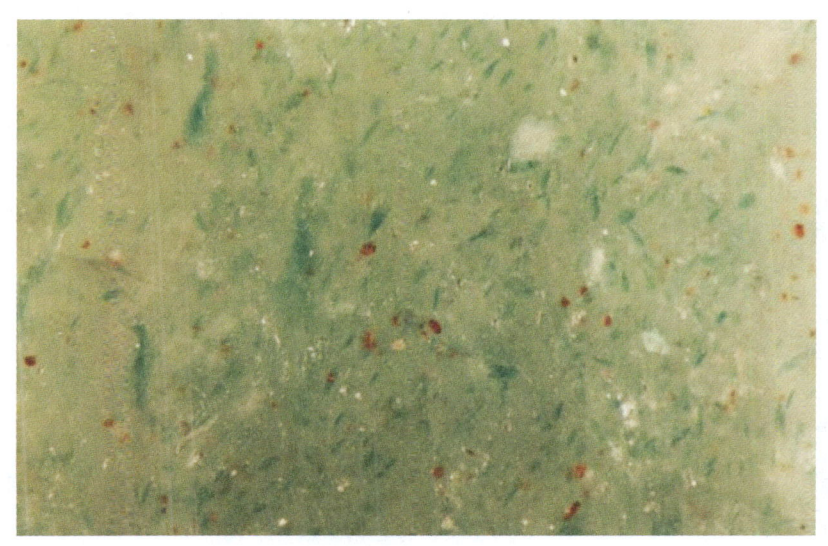

图2-1-31　东陵石绿色呈片状、点状分布

东陵石典型特征

而染色石英岩玉一般为均匀、鲜艳、不自然的绿色（图2-1-32）。颜色多在裂隙、颗粒间隙或表面凹陷处富集，形成"丝瓜瓤状"现象（图2-1-33）。部分染色处理石英岩玉经过漂白充填处理，表面可见"沟渠状结构"，不同于天然翡翠的橘皮效应。

图2-1-32　染色石英岩玉

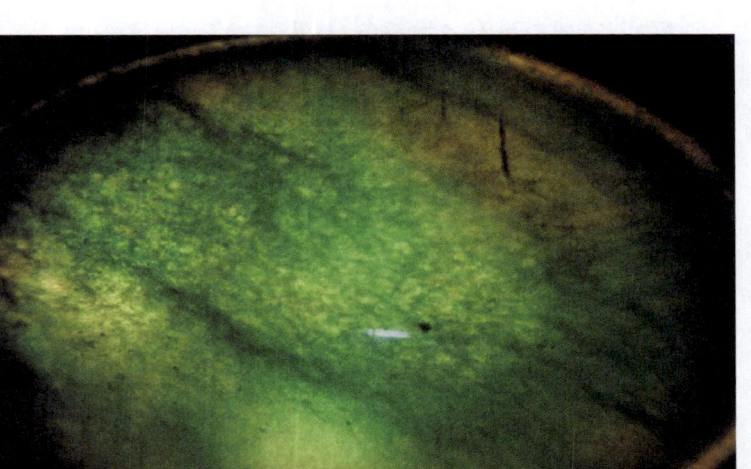

图 2-1-33　染色石英岩玉颜色沿颗粒间隙富集

玉髓可出现各种色调,但总体颜色都非常柔和、均匀(图 2-1-34)。如果是有条带的玛瑙,颜色也会呈条带状分布(图 2-1-35)。

图 2-1-34　绿色玉髓

图 2-1-35　绿色玛瑙颜色呈条带状分布

(4)岫玉:可出现各种绿色调,颜色均匀,但大多饱和度不高,且绿色中常带黄色调(图 2-1-36)。

图 2-1-36　黄绿色岫玉

(5)钠长石玉:大多数钠长石玉呈白色或灰白色,间杂有浅灰蓝色、墨绿色的飘花,同时还含有白色的絮状物。外观类似冰种翡翠和飘蓝花翡翠(图 2-1-37)。

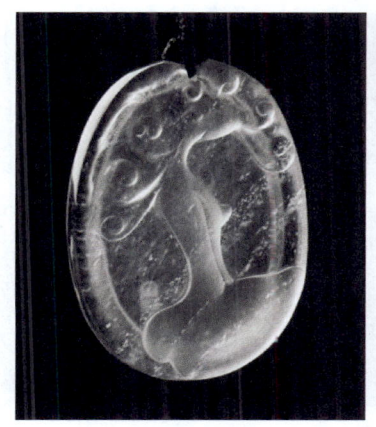

图 2-1-37　钠长石玉

（6）葡萄石：绿色中带黄或蓝色调，色形均匀。外观总体看起来有种朦胧感（图 2-1-38）。

图 2-1-38　葡萄石

（7）染色大理石：绿色往往比较深，以蓝绿色调为主。颜色分布不均匀，多在裂隙、颗粒间隙或表面凹陷处富集（图 2-1-39）。

图 2-1-39　染色大理石（颜色沿裂隙富集）

（8）水钙铝榴石：多为浅绿—绿色，分布不均匀，常见四方形的点状色斑（图 2-1-40），也可以出现团块状和不规则条带状的色带。

（9）绿松石：常见颜色为浅—中等蓝色、绿蓝色至绿色，常伴有暗色或白色、黄褐黑色网脉（铁线）、斑点状杂质（图 2-1-41）。

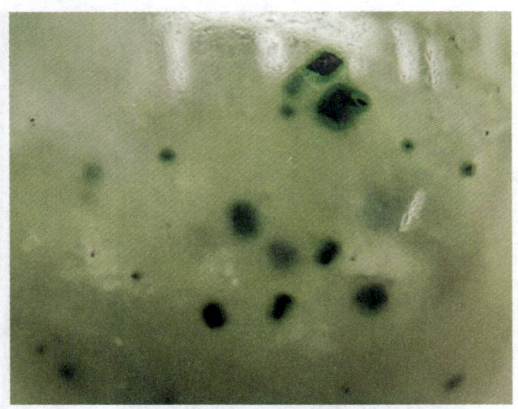

图 2-1-40　水钙铝榴石的点状色斑

（10）孔雀石：可见微蓝绿色、浅绿色、艳绿色、孔雀绿色、深绿色和墨绿色，常有杂色条纹。颜色多呈条带、环带或同心层状（图 2-1-42）。

图 2-1-41　绿松石往往有铁线分布　　　　　　　图 2-1-42　孔雀石中条带状和
　　　　　　　　　　　　　　　　　　　　　　　　　　　　同心层状颜色分布

（11）天河石：可为亮绿色、亮蓝绿色—浅蓝色，总体色调偏蓝，还常见绿色和白色的格子状色斑（图 2-1-43）。

图 2-1-43　天河石中格子状色斑

（12）祖母绿：可见浅—深绿色、蓝绿色和黄绿色。颜色分布大多均匀，无色根，偶见色带（图 2-1-44）。

（13）玻璃：可见各种色调，颜色均匀，有时可见搅动状条带或者流动纹（图 2-1-45）。

图 2-1-44　祖母绿颜色均匀　　　　图 2-1-45　玻璃颜色均匀（左）及流动纹（右）

四、项目过程

在项目中，翡翠与相似宝玉石的鉴定将通过 5 个任务进行。5 个任务均为基础鉴定技能训练。通过训练，学会鉴别翡翠与相似宝玉石。5 个任务从内容上来讲，趋于丰富；从难度上来讲，由易到难。每个任务都按流程进行：肉眼观察，放大观察，仪器鉴定，填写鉴定任务单（图 2-1-46）。

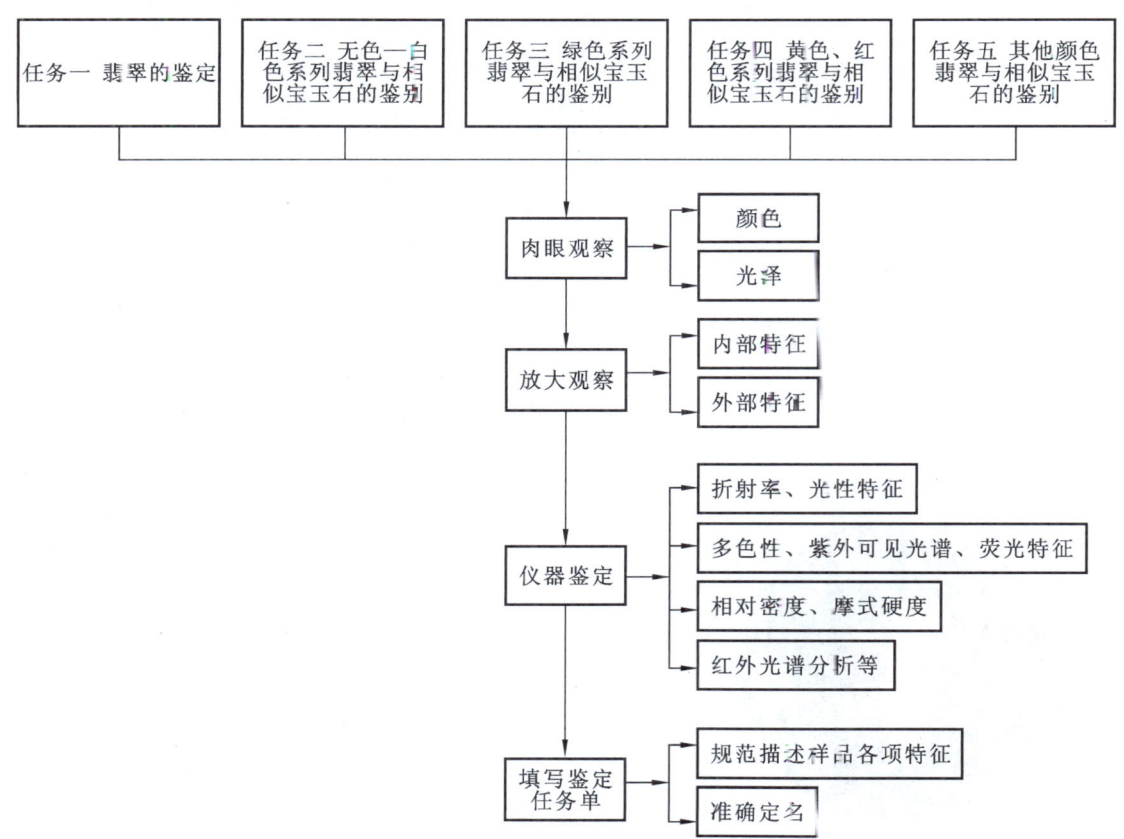

图 2-1-46　任务的具体流程

任务一 翡翠的鉴定

1. 案例分析

现有一块玉石样品(图 2-1-47),通过肉眼观察、放大观察、仪器鉴定等综合鉴定方法,判断它是否为天然翡翠。

1)肉眼观察

借助标准光源,初步观察样品,主要观察颜色、光泽两方面的性质,看是否符合翡翠的特征。在任务单中对应位置填写肉眼观察的特征,示例见表 2-1-1。

表 2-1-1 样品的肉眼观察特征

颜色	颜色分布	光泽
白色—绿色	绿色呈丝线状、团块状分布,间杂有黄色杂色调	玻璃光泽

图 2-1-47 玉石样品

图 2-1-47 中的样品的肉眼观察特征基本符合翡翠的外观特征。

2)放大观察

再利用放大镜或显微镜,对图 2-1-47 中的样品进行更微观的观察,识别出样品的内部特征、外部特征等,判断这些特征是否和天然翡翠的一致。在任务单中对应位置填写所观察到的特征,示例见表 2-1-2。

表 2-1-2 样品的放大观察特征

外部特征	内部特征	其他
翠性、橘皮效应	纤维状结构	无

综合肉眼及放大观察特征,图 2-1-47 中的样品符合天然翡翠的鉴定特征。但是鉴定过程的后续环节还须完成,应通过仪器鉴定进行验证。

3)仪器鉴定

在采用各鉴定仪器对样品进行鉴定后,获取相应数据(部分数据见图 2-1-48),在任务单中对应位置填写相应参数或特征,并进行准确定名,示例见表 2-1-3。

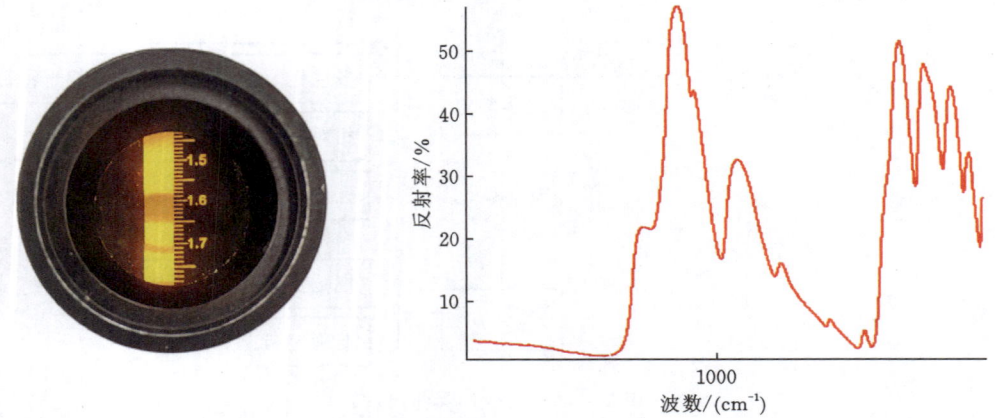

图 2-1-48 案例样品的折射率点测读数(左)和红外光谱图(右)

表 2-1-3 样品的仪器鉴定特征

折射率	紫外可见光谱	荧光特征	相对密度	摩式硬度	红外光谱	其他	定名
1.66（点测）	437 nm 吸收峰	无荧光	3.34	7	为硬玉典型红外吸收光谱	无	翡翠

注：仪器鉴定中"其他"栏可填写查尔斯滤色镜变色现象、偏光镜下消光现象、多色性现象等，下同。

综合样品的各项仪器鉴定特征，比对天然翡翠的鉴定特征，可以最终判断：样品为天然翡翠，定名为"翡翠"。

2. 任务实施

对样品进行综合鉴定，按要求描述样品的各项鉴定特征，准确定名，并在表 2-1-4 中进行填写。

表 2-1-4 翡翠样品综合鉴定表

样品号	肉眼观察			放大观察			仪器鉴定						定名
	颜色	颜色分布	光泽	外部特征	内部特征	其他	折射率	紫外可见光谱	荧光特征	相对密度	摩式硬度	红外光谱	其他	

任务二　无色—白色系列翡翠与相似宝玉石的鉴别

目前珠宝市场上,常见的与无色—白色翡翠相似的宝玉石品种有软玉、欧泊、石英岩玉、玉髓、硅化玉、岫玉、独山玉、钠长石玉、葡萄石、大理石、水钙铝榴石、玻璃等。

1. 案例分析

现有 3 块白色宝玉石样品(图 2-1-49),请鉴定这 3 块样品。可以先通过肉眼观察颜色、光泽、透明度、特殊光学效应等特征,再放大观察外部及内部结构特征;最后通过仪器测出各类参数。

图 2-1-49　3 块白色宝玉石样品

1) 肉眼观察

对 3 块样品进行肉眼观察,发现 3 块样品均为白色、微透明、颜色差异不明显。光泽有微小差异:样品 B-1,玻璃光泽;样品 B-2,弱玻璃光泽;样品 B-3,玻璃光泽。

仔细观察,发现样品 B-3 还具有微弱的变彩效应。

综上,肉眼观察特征见表 2-1-5。

表 2-1-5　白色样品的肉眼观察特征

样品号	颜色	颜色分布	光泽	其他
B-1	白色	均匀	玻璃光泽	无
B-2	白色	均匀	弱玻璃光泽	无
B-3	白色	均匀	玻璃光泽	特殊光学效应:变彩效应

注:肉眼观察中"其他"栏可填写特殊光学效应,下同。

2) 放大观察

用放大镜或显微镜观察外部特征:样品 B-1 有翠性、橘皮效应;样品 B-2 有"沟渠状"网纹(图 2-1-50);样品 B-3 表面有划痕,有变彩效应,且色斑呈不规则片状、边界平坦且较模糊、表面呈丝绢状外观。

由于 3 个样品透明度均较差,为了观察内部结构,可使用光纤灯辅助照明配合放大镜观察,也可在显微镜下使用亮域照明法观察。观察到的结构特征如下:样品 B-1,纤维状结构(图 2-1-51);样品 B-2,等粒状结构(图 2-1-52);样品 B-3,无晶体结构。

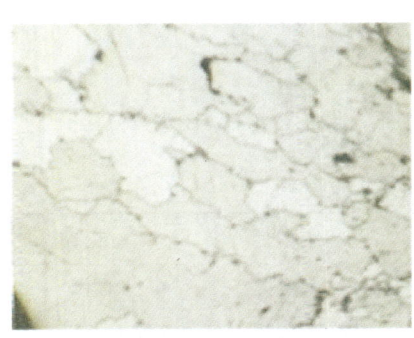

图 2-1-50　样品 B-2 的"沟渠状"网纹

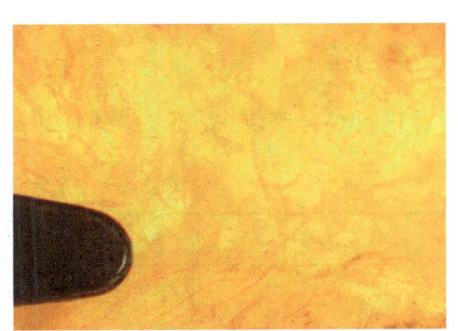

图 2-1-51　样品 B-1 的纤维状结构

图 2-1-52　样品 B-2 的等粒状结构

通过放大观察，针对现有样品，在任务单中对应位置填写相应描述(表 2-1-6)。

表 2-1-6　白色样品的放大观察特征

样品号	外部特征	内部特征
B-1	翠性、橘皮效应	纤维状结构
B-2	"沟渠状"网纹	等粒状结构
B-3	表面划痕；变彩效应，且色斑呈不规则片状、边界平坦且较模糊、表面呈丝绢状外观	无晶体结构

根据肉眼和放大观察特征，初步判断样品 B-1 可能为翡翠，样品 B-2、B-3 不是翡翠，样品 B-3 大概率是天然欧泊。这些结论还需经仪器鉴定进一步验证。

3) 仪器鉴定

对样品进行仪器鉴定后，在任务单中对应位置填写相应参数或特征并进行准确定名(表 2-1-7)。

表 2-1-7　白色样品的仪器鉴定特征和定名

样品号	折射率	紫外可见光谱	荧光特征	相对密度	摩式硬度	红外光谱	其他	定名
B-1	1.66(点测)	不明显	无荧光	3.34	7	硬玉典型红外吸收光谱	偏光镜下全亮	翡翠
B-2	1.54(点测)	不可见	无荧光	2.65	6	石英特征红外吸收谱带	偏光镜下全亮	石英岩玉
B-3	1.42(点测)	不可见	无荧光	2.15	5	蛋白石特征红外吸收谱带	偏光镜下全暗	欧泊

通过各项鉴定特征，可判断出样品 B-1 为翡翠，样品 B-2 为石英岩玉，样品 B-3 为欧泊。

2. 任务实施

对样品进行综合鉴定，按要求描述样品的各项鉴定特征，准确定名，并在表 2-1-8 中进行填写。

表 2-1-8　无色—白色样品综合鉴定数据表

样品号	肉眼观察				放大观察		仪器鉴定							定名
	颜色	颜色分布	光泽	其他	外部特征	内部特征	折射率	紫外可见光谱	荧光特征	相对密度	摩式硬度	红外光谱	其他	

任务三　绿色系列翡翠与相似宝玉石的鉴别

目前珠宝市场上，常见的与绿色翡翠相似的宝玉石品种有软玉、石英岩玉、玉髓、岫玉、独山玉、钠长石玉、绿松石、孔雀石、硅孔雀石、葡萄石、染色大理石、水钙铝榴石、天河石、祖母绿、玻璃等。

1. 案例分析

现有 3 块绿色样品（图 2-1-53），请鉴定这 3 块样品。可先通过肉眼观察颜色、光泽、透明度等特征，再放大观察表面及内部结构特征；最后通过仪器测出各类参数。

图 2-1-53　3 块绿色样品

1）肉眼观察

通过肉眼观察，发现 3 块样品的颜色特征有所差异：样品 L-1，颜色为绿色，具色根，基本符合翡翠颜色分布特征；样品 L-2，颜色翠绿均匀，光泽柔和，接近玉髓颜色特征；样品 L-3，颜色大部分为绿色，但在绿色中间杂褐色、黄色等其他色调，基本符合独山玉颜色分布特征。肉眼观察特征见表 2-1-9。

表 2-1-9　绿色样品的肉眼观察特征

样品号	颜色	颜色分布	光泽	其他
L-1	绿色	具色根	玻璃光泽	无
L-2	翠绿色	非常均匀	玻璃光泽，较柔和	无
L-3	绿色	色杂	玻璃光泽	无

颜色及颜色分布特点只能作为初筛手段，帮助我们确定相似品的大致范围。确定出范围后，须再根据后续的检测任务进行定性判断。

2）放大观察

通过放大镜或显微镜继续观察 3 块样品的内外部特征（图 2-1-54～图 2-1-56），并在任务单中对应位置填写相应描述（表 2-1-10）。

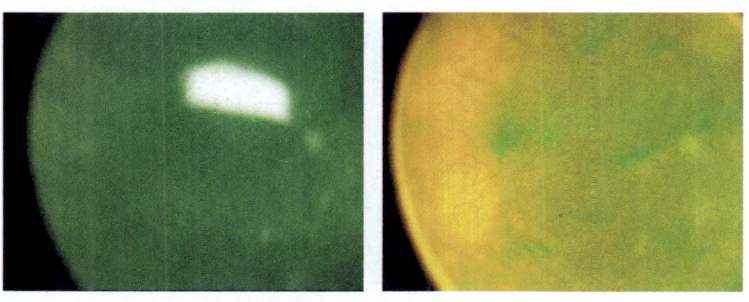

图 2-1-54　显微镜下样品 L-1 的内外部特征

（左：反射光下的外部特征；右：透射光下的内部特征）

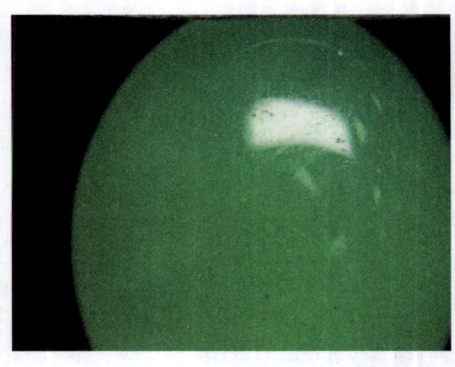 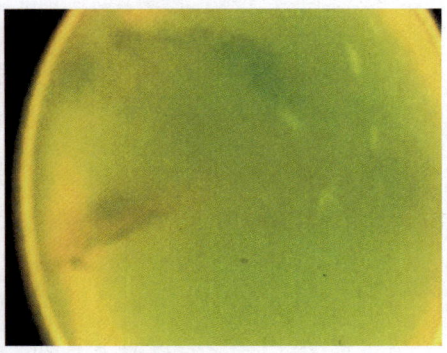

图 2-1-55　显微镜下样品 L-2 的内外部特征

(左:反射光下的外部特征;右:透射光下的内部特征)

图 2-1-56　显微镜下样品 L-3 的内外部特征

(左:反射光下的外部特征;右:透射光下的内部特征)

表 2-1-10　绿色样品的放大观察特征

样品号	外部特征	内部特征
L-1	翠性、橘皮效应	纤维交织结构
L-2	颜色柔和均匀	隐晶质结构
L-3	绿色底色中有大量褐色、黑色斑杂	细粒状结构

根据肉眼及放大观察特征,可初步推断样品 L-1 可能为翡翠,样品 L-2、L-3 不是翡翠,样品 L-2 有大概率是玉髓,样品 L-3 有较大的可能是天然欧泊。结果还需经仪器鉴定验证。

3) 仪器鉴定

对样品进行仪器鉴定后,在任务单中对应位置填写相应参数或特征并进行准确定名(表 2-1-11)。

表 2-1-11　绿色样品的仪器鉴定特征和定名

样品号	折射率	紫外可见光谱	荧光特征	相对密度	摩式硬度	红外光谱	其他	定名
L-1	1.66(点测)	437 nm 吸收线	无荧光	3.34	7	为硬玉典型红外吸收光谱	查尔斯滤色镜下不变红	翡翠
L-2	1.54(点测)	不可见	无荧光	2.70	6	石英特征红外吸收谱带	查尔斯滤色镜下不变红	玉髓
L-3	1.68(点测)	不可见	弱,褐红色	2.90	6	独山玉特征红外吸收谱带	查尔斯滤色镜下变红	独山玉

通过各项鉴定特征,可判断出样品 L-1 为翡翠,样品 L-2 为玉髓,样品 L-3 为独山玉。

2. 任务实施

对样品进行综合鉴定,按要求描述样品的各项鉴定特征,准确定名,并在表 2-1-12 中进行填写。

表 2-1-12　绿色系列样品综合鉴定数据表

样品号	肉眼观察				放大观察		仪器鉴定							定名
	颜色	颜色分布	光泽	其他	外部特征	内部特征	折射率	紫外可见光谱	荧光特征	相对密度	摩式硬度	红外光谱	其他	

注:"仪器鉴定"下的"其他"栏可填写内容:查尔斯滤色镜变色现象、偏光镜下消光现象、多色性现象等。

任务四 黄色、红色系列翡翠与相似宝玉石的鉴别

目前珠宝市场上,与黄色、红色系列翡翠相似的宝玉石品种有软玉、欧泊、石英岩玉、玉髓、硅化玉、岫玉、独山玉、葡萄石、大理石、水钙铝榴石、玻璃等。

1. 案例分析

现有3块黄褐色玉石样品(图 2-1-57),请鉴定这3块样品。可通过肉眼观察颜色、光泽、透明度、特殊光学效应等特征,再放大观察外部及内部结构特征;最后通过仪器测出各类参数。

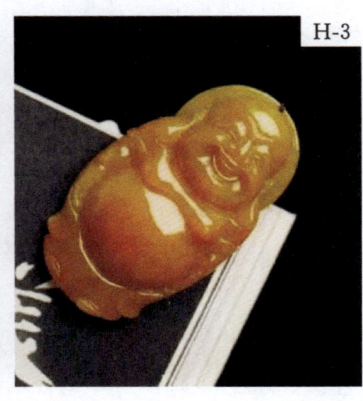

图 2-1-57 3 块黄褐色样品

1) 肉眼观察

通过肉眼观察,发现3块样品均为黄褐色、不透明,颜色差异特征不明显,光泽有微小差异。具体特征见表 2-1-13。

表 2-1-13 黄褐色样品的肉眼观察特征

样品号	颜色	颜色分布	光泽	其他
H-1	黄褐色	较均匀,沿晶粒间隙略有富集	玻璃光泽	无
H-2	黄褐色	较均匀	油脂光泽	无
H-3	黄褐色	较均匀	玻璃光泽	无

2) 放大观察

用放大镜或显微镜观察3块样品外部特征不明显,样品 H-1 可见少许解理面闪光。由于透明度较差,内部结构也不明显,可初步判断样品 H-1、H-3 为粒状结构,样品 H-2 结构较细腻(表 2-1-14)。

表 2-1-14 黄褐色样品的放大观察特征

样品号	外部特征	内部特征
H-1	翠性	粒状结构
H-2	不明显	结构较细腻
H-3	不明显	粒状结构

根据肉眼和放大观察,未得到明显鉴定特征,尤其是样品 H-1 和 H-3,相似度较高,需经仪器鉴定来进行区分。

3)仪器鉴定

由于折射率定性较快捷,先对折射率进行测定。3 块样品的折射率差异比较明显。再进行其他仪器测试,获得各项参数,结果见表 2-1-15。

表 2-1-15 黄褐色样品的仪器鉴定特征和定名

样品号	折射率	紫外可见光谱	荧光特征	相对密度	摩式硬度	红外光谱	其他	定名
H-1	1.66(点测)	不可见	无荧光	3.34	7	为硬玉典型红外吸收光谱	无	翡翠
H-2	1.61(点测)	不可见	无荧光	2.95	6	透闪石特征红外吸收谱带	无	软玉
H-3	1.72(点测)	不可见	无荧光	3.47	7	石榴石特征红外吸收谱带	无	水钙铝榴石

综合以上所有鉴定特征,可判断出样品 H-1 为翡翠,样品 H-2 为软玉,样品 H-3 为水钙铝榴石。

在肉眼和放大观察的特征均不明显的情况下,主要依靠仪器鉴定来完成翡翠与相似宝玉石的区分。在仪器鉴定的过程中,我们可以根据样品特征,依次选择合适的仪器进行鉴定。往往可以优选测折射率、相对密度和红外光谱,因为不同宝玉石的 3 项鉴定特征往往不同,尤其是红外光谱。

2. 任务实施

对样品进行综合鉴定,按要求描述样品的各项鉴定特征,准确定名,并在表 2-1-16 中进行填写。

表 2-2-16 黄色、红色系列样品综合鉴定数据表

样品号	肉眼观察				放大观察		仪器鉴定							定名
	颜色	颜色分布	光泽	其他	外部特征	内部特征	折射率	紫外可见光谱	荧光特征	相对密度	摩式硬度	红外光谱	其他	

任务五　其他颜色翡翠与相似宝玉石的鉴别

1. 案例分析

除了无色—白色系列，绿色系列，黄色、红色系列翡翠之外，翡翠还有其他颜色系列，也同样有一些相似品种出现，如与灰色—黑色系列翡翠相似的有软玉、欧泊、石英岩玉、玉髓、硅化玉、岫玉、独山玉、钠长石玉、大理石、玻璃、黑曜岩；与粉色—紫色系列翡翠相似的有查罗石、蔷薇辉石、菱锰矿、苏纪石、云母质玉；与蓝色系列翡翠相似的有青金石、方钠石、异极矿、针钠钙石；此外还有彩色系列，相似品种有软玉、石英岩玉、玉髓、岫玉、独山玉、大理石、玻璃。有些品种在之前的颜色系列中已进行过比较举例。另一些品种的相关知识在国家标准《珠宝玉石 鉴定》（GB/T 16553—2017）中有具体说明。

翡翠与相似宝玉石
鉴定参数表

请根据本书内容和国家标准《珠宝玉石 鉴定》（GB/T 16553—2017），总结出翡翠与相似宝玉石的鉴定特征，填写表 2-2-17。

表 2-2-17　翡翠与相似宝玉石综合鉴定数据表

宝玉石品种	内眼观察				放大观察		仪器鉴定						
	颜色	颜色分布	光泽	其他	外部特征	内部特征	折射率	紫外可见光谱	荧光特征	相对密度	摩式硬度	红外光谱	其他
翡翠													
软玉													
独山玉													
石英岩玉													
玉髓													
硅化玉													
岫玉													
钠长石玉													
葡萄石													
染色大理石													
水钙铝榴石													
绿松石													
孔雀石													
欧泊													
黑曜岩													
查罗石													

表2-2-17（续）

宝玉石品种	内眼观察				放大观察		仪器鉴定						
	颜色	颜色分布	光泽	其他	外部特征	内部特征	折射率	紫外可见光谱	荧光特征	相对密度	摩式硬度	红外光谱	其他
苏纪石													
云母质玉													
蔷薇辉石													
菱锰矿													
青金石													
方钠石													
异极矿													
针钠钙石													
天河石													
祖母绿													
玻璃													

2. 任务实施

请结合前4项任务的学习内容，对样品进行综合鉴定，按要求描述样品的各项鉴定特征，准确定名，并在表2-1-18中进行填写。

表2-1-18　样品综合鉴定表

样品号	内眼观察				放大观察		仪器鉴定							定名
	颜色	颜色分布	光泽	其他	外部特征	内部特征	折射率	紫外可见光谱	荧光特征	相对密度	摩式硬度	红外光谱	其他	

五、项目评价

本项目评价考核由自评、互评和师评 3 个部分组成,其中自评占 20%、互评占 40%、师评占 40%(表 2-1-19)。

表 2-1-19 工作过程评价表

组号		班级学号		姓名		标本组号		总成绩

序号	项目	考核内容	配分标准	得分			项目成绩
				自评 20%	互评 40%	师评 40%	
1	团队协作	与小组成员和谐相处,互相学习,互相帮助,团队分工明确	10 分				
2	操作过程	操作规范	10 分				
		鉴定特征测定准确	10 分				
		鉴定特征记录规范	10 分				
		鉴定结论准确	10 分				
		鉴定任务单书写完整、规范	20 分	70 分			
		鉴定流程完整规范	2 分				
		标本无损坏、无污染	4 分				
		保持工位整洁	2 分				
		不浪费耗材	2 分				
3	学习态度	态度积极,遵守纪律,学习目标明确	10 分				
4	解决问题的能力	能顺利解决问题	10 分				

六、课外拓展

在鉴定翡翠时,有没有更新、更快的方法或更方便的仪器可以进行更准确的鉴定呢?去珠宝质检机构咨询一下,搜寻相关前沿信息。也可以根据自身学习到的知识,进行思考和探索。

【思政点 求真求证,严密谨慎】

在检测工作过程中,我们必须综合多方面的检测手段寻找多个鉴定特征,作出综合判定。这需要我们具有求真精神,能掌握基本的科学原理和方法的运用,具备理性的科学思维。要尊重事实和证据,有实证意识和严谨的求知态度。并且做到逻辑清晰,能运用科学的思维方式认识事物、解决问题、指导行为等。

项目二　天然翡翠与优化处理翡翠的鉴别

一、情景导入

某珠宝直播间打着"工厂瑕疵翡翠处理"的旗号，售卖一批翡翠手镯（图 2-2-1），还宣称"翡翠保真，不是翡翠可以退货"。李女士一看，"满绿"的手镯才卖 5000，还有退货保障，并且颜色这么绿，就算有些许瑕疵没展示出来也没有什么大影响，于是赶紧下单。买回来之后，身边有经验的朋友告诉她这翡翠手镯的颜色有问题，让她去鉴定一下。她把样品送到了你手中，如何对样品进行鉴定呢？

二、学习目标

知识目标：掌握天然翡翠和优化处理翡翠的鉴定要点；熟悉天然翡翠和优化处理翡翠的区分要点。

能力目标：通过项目任务理清鉴定思路；通过肉眼和放大观察、各项仪器测试，准确描述各项鉴定特征；准确鉴定天然翡翠与优化处理翡翠，并规范定名。

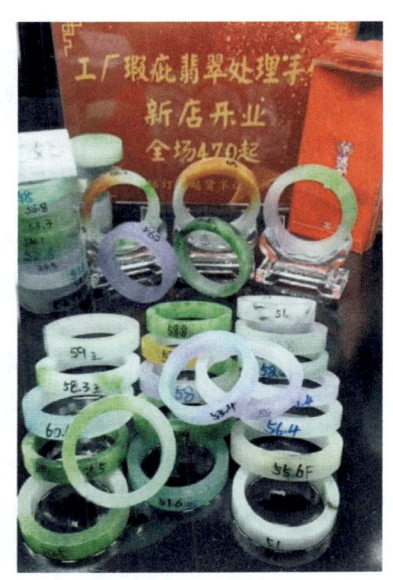

图 2-2-1　直播间场景

素养目标：通过学习和实践，养成严谨细致的工作习惯和正确的职业道德观念；通过小组合作实践项目，提升团队沟通能力与合作意识。

三、背景知识

1. 相关标准

国家标准《珠宝玉石　名称》（GB/T 16552—2017）指出：翡翠的合成品基本名称为"合成翡翠"；翡翠优化处理品的优化处理方法、效果和类别如表 2-2-1 所示。

表 2-2-1　翡翠优化处理品的方法、效果和类别

珠宝玉石基本名称	优化处理方法	效果	优化处理类别
翡翠	热处理	改善或改变颜色	优化
	充填	改善或改变耐久性及外观	优化或处理，详见注释
	漂白、充填	改变外观	处理
	染色处理	改善或改变颜色	处理
	覆膜	改善或改变光泽、颜色等外观	处理

注：关于充填，用无色油、蜡充填翡翠，属优化；用玻璃、人工树脂充填翡翠的少量裂隙及空洞，改善其耐久性和外观，归为优化（应附注说明）；用含 Pb、Bi 等玻璃、人工树脂等固化材料灌注多孔隙及多裂隙翡翠，改变其耐久性和外观，属处理。

2. 翡翠的优化处理方法

优化处理是优化方法和处理方法两个概念的组合：优化是指传统的、对宝石的耐久性没有损害的、被人们广泛接受的、能使珠宝玉石潜在的美显现出来的优化处理方法；而处理是非传统的、对宝石的耐久性有损害的、尚不被人们广泛接受的优化处理方法。对翡翠来说，属于优化类型的有处理、上蜡和焗色，国标中重点强调的是热处理；属于处理类型有染色、漂白充填、覆膜、拼合等。此外，翡翠的上蜡和注油应视具体程度区别对待，或当作优化，或当作处理。

在市场中，我们常听到 A 货翡翠，此外，还会出现 B 货翡翠、C 货翡翠，甚至 B+C 货翡翠。翡翠的 A、B、C 货，并不是指等级的优劣，而是针对翡翠是否经过优化处理所做的分类。A 货翡翠通常指的是天然的、未经人工优化处理的翡翠。而 B 货翡翠、C 货翡翠、B+C 货翡翠指的都是经过优化处理的翡翠。

常见的翡翠优化处理方法作用和工艺流程如下。

1）热处理

常用浅棕黄—无色的翡翠作原料，热处理改善成棕红色、棕黄色。先把清洗好的翡翠样品放在预先准备好的、铺有干净细砂的铁板上，再将铁板置于火炉上，也可以用高温的烤箱，缓慢加热，以保证样品均匀加热。加热的温度不可太高，一般 200 ℃ 左右为宜，一边加热一边观察翡翠颜色的变化。当样品的颜色变成猪肝色时，就停止加热，并缓缓冷却，冷却后翡翠即会显示出红色。加热的时间一般是几十分钟到一小时。为了获得鲜艳的红色，最后还可把已加热变红的翡翠浸泡在漂白水中数小时，使之氧化更充分。

图 2-2-2　浸蜡翡翠一段时间后表面产生白花

2）充填

上蜡是把翡翠成品浸泡在熔化的石蜡之中，保持一段时间，使石蜡沿翡翠表面的各种空隙浸入。如果翡翠的质地较为紧密，蜡的浸入仅在表层。翡翠经过上蜡，可使表面的小凹坑、小孔隙填平，增强表面的光泽和透明度。

但是，如果翡翠的质地比较疏松，或者是经过酸洗（包括传统的过"杨梅汤"）后翡翠的孔隙增多，会导致较多的石蜡充填到翡翠的内部。这种翡翠，会因时间的推移，蜡老化产生白花（图 2-2-2），致使翡翠的透明度变差。有些翡翠因为蜡的质量不好，仅半年时间就会产生这种变化。这种蜡的充填工艺与上蜡不同，可称为浸蜡处理。

浸蜡处理与漂白、充填处理不同，浸蜡处理的翡翠往往没有经过强烈的酸洗，结构的破坏不明显，不会对翡翠的耐久性产生明显的影响。

3）漂白、充填

经过漂白、充填的翡翠，往往被称为"翡翠 B 货"或"B 货翡翠"。在漂白、充填的工艺流程中，先是选择适于处理的翡翠原料，再进行切割，然后酸洗漂白，碱洗增隙，清洗烘干，充胶和固结。主要工序的工艺要点如下。

（1）选料：适合进行漂白、充填处理的翡翠原料，多为含有次生色、结构较为松散、晶粒较为粗大、质地较差的翡翠品种。比如明显的黄褐色、黑灰色次生色严重影响绿色表现的翡翠品种，或质地粗劣不透明的翡翠品种（如八三种）等。

质地致密、含黑癣的翡翠品种一般不适于处理;透明度好、无明显脏色的翡翠也不作漂白、充填处理。原因有两个:其一是这两类翡翠不易被强酸或强碱漂白,黑癣是角闪石类矿物,也不易被酸碱溶蚀;其二是质地好、颜色尚好的翡翠,不处理的价值高于处理后的价值。

(2) 切割:为了使酸洗和充胶更为充分和快速,要把大块的原料根据需要切割成一定厚度的玉片或玉环。最早的B货翡翠是直接对切磨好的成品进行处理,现在由于B货翡翠处理的规模扩大,工艺更为规范,用成品进行处理的情况已经很少见了。

(3) 酸洗漂白:是制作B货翡翠最为重要的环节之一,是用各种酸(如盐酸、硝酸、硫酸、磷酸等)浸泡选好的原料,一般要泡2~3周。也可以进行加热,以加快漂白的过程,加热温度不宜超过溶液的沸点。在浸泡过程中还要定时更换溶液。酸洗的目的是除去黄褐色和灰黑色。

(4) 碱洗增隙:经酸洗后的翡翠原料,虽然去除了氧化物类的杂质,但是孔隙度还不够大,不利于树脂的充填。为此,把酸洗漂白过的原料清洗、干燥后,再用碱性溶液(如 NaOH 溶液)加温浸泡。碱性溶液对硅酸盐的腐蚀作用,可达到增大孔隙的效果。

碱洗后的翡翠往往呈渣状,甚至用手指就能捏碎。有些B货翡翠的处理不采用碱洗的工序,或者避免用强碱洗。

(5) 充胶:充胶是制作B货翡翠的一个必要环节。因为经过酸洗漂白及碱洗增隙之后,翡翠的裂隙和孔隙增多,致密度下降,抗机械力的能力下降,透明度变差,必须用胶进行固结,以增加强度和透明度。常用的胶种类有聚苯乙烯、邻苯二甲酸酯和苯氧树脂等。胶要求无色透明、流动性好、固结后有较大的强度。具体做法是把酸洗、碱洗后的原料清洗、烘干,放在密封的容器中抽真空,达到一定的真空度后,在容器中灌入足够的胶使翡翠原料完全浸入胶中,再施加压力,使胶充填到翡翠原料的所有空隙中。

图 2-2-3 翡翠的漂白、充填处理
(左:处理前,中:酸洗碱洗后,右:充胶后)

(6) 固结:在胶还未完全固结之前,把翡翠原料从半固结状、黏稠状的胶中取出,放在锡纸上。再放入烤箱烘烤,烘烤的温度不可过高、时间不可过长,过长、过热会使树脂老化发黄;也不可烘烤不足,否则胶固结不彻底,硬度及脆性不够,影响以后的切磨。

4) 染色处理

经过染色处理的翡翠,往往被称为"翡翠C货"或"C货翡翠"。染色处理时,一般挑选中粗粒结构、有一定孔隙度的翡翠作为原料,待切磨成成品后,用稀酸洗去油污和表面的杂质,再放在烤箱中烘干和加热。加热可以达到扩张孔隙的作用。然后把翡翠浸泡到准备好的染料溶液中,加热烧煮以加快染料溶液浸入翡翠的速度。

用于染色的染料种类很多,一般挑选不易褪色、颜色与天然翡翠相似、又容易浸入翡翠内部的染料。目前主要使用各种有机染料。

翡翠在染料溶液中一般要浸泡一至数周。上了色的翡翠再经烘干,染料就沉淀在翡翠孔隙,使翡翠产生颜色。最后再进行上蜡保护,使染料不易被水溶解,同时提高玉件的光泽。

5) 漂白、充填、染色处理

漂白、充填、染色处理是经过漂白、充填处理的翡翠,再进行染色处理;或者经漂白的翡翠在充填的过程中加入有色染料,这种复合方式处理出来的翡翠往往被称为"B+C货翡翠"或"翡翠B+C货"。它的工艺过程,是漂白、充填和染色处理的叠加。

6）覆膜

覆膜（涂膜）处理的翡翠又称"穿衣"翡翠，是在无色或浅色，但透明度和质地较好的天然翡翠戒面的表面涂上一层绿膜，来模仿天然的高档翡翠。覆膜一般采用绿色胶状高挥发性的高分子材料，如指甲油状的物质。用细刷把这种黏稠的胶状物均匀地涂抹在切磨好并清除了油污的戒面上，绿色胶凝固形成被膜。

在这些优化处理手段中，最常见的是漂白、充填处理和染色处理。

四、项目过程

通过项目一的学习，我们可初步确定样品是否为翡翠。在本项目中，我们将通过两个任务进一步判断翡翠是"天然"还是"优化处理"。两个任务之间为递进关系：任务一为天然翡翠和优化处理翡翠的肉眼及放大观察，主要包括颜色、光泽、内外部特征等方面；任务二为天然翡翠和优化处理翡翠的仪器鉴定，包括折射率、光性特征、多色性、紫外可见光谱、荧光特征、相对密度、摩式硬度、红外光谱分析等。部分样品通过任务一即可进行快速、准确定名；如若通过任务一无法判断翡翠是"天然"或"优化处理"的，可通过任务二进行进一步检测，并完成判断。具体流程如图 2-2-4 所示。

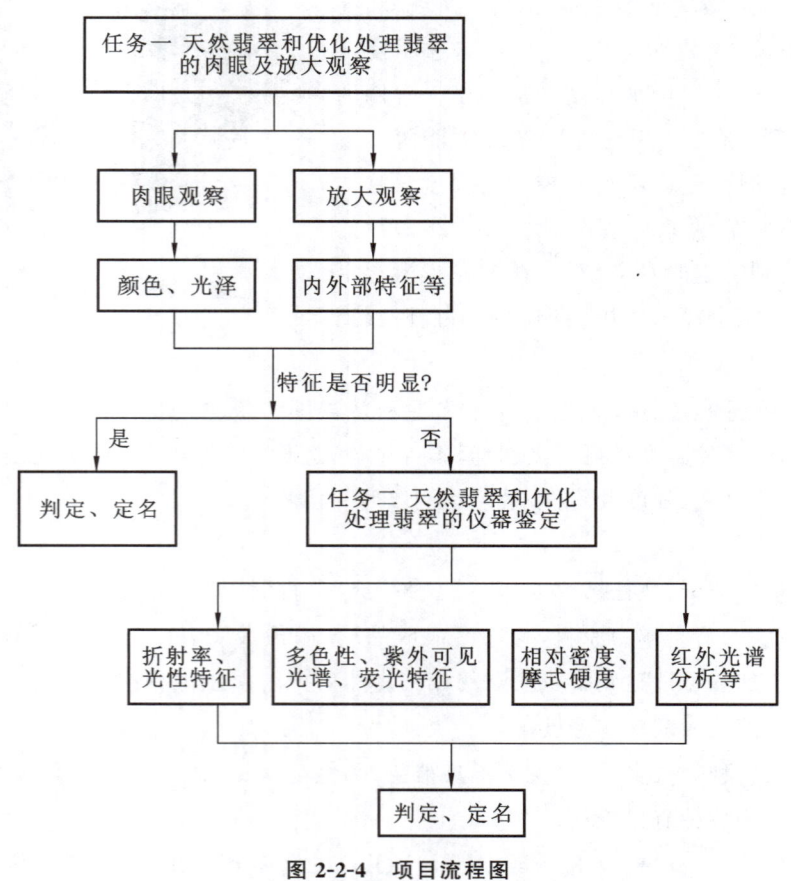

图 2-2-4　项目流程图

任务一　天然翡翠和优化处理翡翠的肉眼及放大观察

1. 任务分析

在初步确定样品为翡翠后,需继续判断是否经过优化处理。肉眼及放大观察,可通过以下方法和流程进行。

1) 观察颜色及颜色分布

颜色是需要重点观察的特征。天然翡翠颜色多样,一般具有典型的颜色分布特点。

(1) 绿色翡翠。

绿色为原生色,多不均匀,往往呈丝片状、丝线状和浸染状,与周围的浅色部分有时界线截然,有时并没有清楚的界线(图 2-2-5)。放大检查,可以发现绿色部分的粒度往往比较细,并且呈细脉分布,穿插在早期的粗粒翡翠之中,并且有交代粗粒翡翠的现象。颜色顺着纹理方向展布,有色部分与无色部分过渡自然,色形有首有尾,绿色看上去像是从其纤维状组织或粒状晶体内部长出来的,即有色根。此外,天然翡翠的底色一般带有脏杂色,整体会出现黄色、褐色或红色等次生色调。在放大观察时常可见到小锈斑、小黑点杂质,特别是在微裂隙中总可以见到各种杂质充填其间。

图 2-2-5　绿色天然翡翠往往具有色根

而漂白、充填处理翡翠颜色整体均一、干净,基底较白,黄色、褐色、红色等次生色消失,对光观察基底苍白。这是由于经过了酸洗漂白,翡翠中所含的氧化物和其他易溶的杂质被溶解,黄底等脏底被清除,因此底子白色的部分特别白,没有杂质、没有灰黄的成分,但浅绿底色仍会存在。仔细观察浅绿的部分,也可以发现类似的特征,绿色显得特别鲜纯,无黄灰色调的干扰(图 2-2-6)。观察时要用白光透射,可对着窗户观察,或者对着日光灯观察。但是,也有少量酸洗不彻底和使用带黄色调树脂的 B 货翡翠,这一特征不明显。此外,B 货翡翠晶粒之间充填了透明度高的树脂增强了光线的透射,

图 2-2-6　翡翠底色

(左:天然翡翠;中、右:漂白、充填翡翠)

造成晶粒之间的边界模糊不清,绿色部分受到影响,因此,绿色呈发散状分布(图2-2-7)。

图 2-2-7　漂白、充填翡翠绿色呈发散状

对于染色翡翠而言,早期的染绿色翡翠的色调常偏黄,颜色均匀,且易褪色;褪色后呈黄绿色,与天然翡翠的颜色差别很大。但是近期的染色翡翠已经有改进,色调也多样:有偏蓝的绿色、纯正的绿色,还有偏蓝灰的绿色,与天然翡翠更为相似。同时颜色也可呈色斑状、斑杂状,模仿天然翡翠颜色的不均匀分布。所以不可只从色调和色形上加以判断。但染绿色翡翠大多没有色根,颜色较为鲜艳,色与地对比强烈,不自然(图2-2-8);此外,颜色比较发散、无形,有浮感网状,边界模糊。

图 2-2-8　染色翡翠

值得注意的是,染色翡翠的颜色往往沿着裂隙、粒隙和表面凹陷处富集。染绿色的翡翠绿色易浓集在小裂纹之中,并沿着裂纹充填在裂纹附近的晶粒间隙中,颜色分布特征可用"树根状"来形容(图2-2-9)。而天然翡翠的裂纹和孔隙都是没有颜色的。这些特征用10倍放大镜进行观察最佳;用显微镜观察时,宜使用低放大倍数,以不超过20倍为宜。

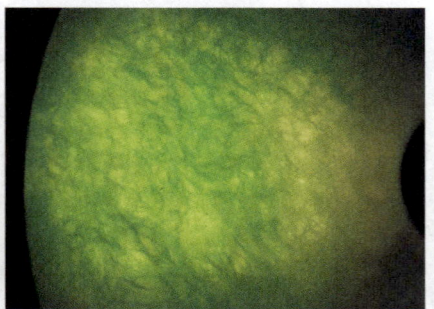

图 2-2-9　染色翡翠的颜色分布

染色翡翠

除此之外,有些漂白、充填、染色翡翠的色形边界会比较模糊(图 2-2-10)。

覆膜处理翡翠的特点是绿色浓艳,绿色分布均匀并且是满色状,正面和背面的颜色都一样,同时没有天然翡翠斑状、条带状、细脉状、丝片状的颜色分布特点。有时可见膜层脱落造成的颜色不均匀。

此外,目前市场上还出现利用抛光粉进行染色的现象。一些质地比较差的翡翠,表面故意刷一层绿色抛光粉,让其颜色看上去更鲜艳。这种翡翠的颜色只残留在表面,沿着表面的裂隙或者晶粒间分布,没有进入到翡翠内部(图 2-2-11)。颜色分布现象在显微镜反射光下能被较明显地观察到。一般用超声波可以清洗掉,清洗掉以后,就会出露原本的浅色体色。

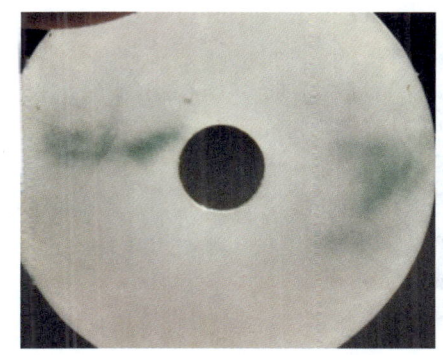
图 2-2-10 漂白、充填、染色翡翠色形边界模糊

图 2-2-11 抛光粉染色翡翠显微特征

(2)紫色翡翠。

天然紫色翡翠的紫色往往是成片分布的,颜色由带浅紫或淡紫色的硬玉颗粒集合而成,少数呈脉状分布,颜色大多较浅,深色少见(图 2-2-12)。在紫色中可穿插有绿色,但一般不会有紫色翡翠细脉或色根穿插在绿色中。

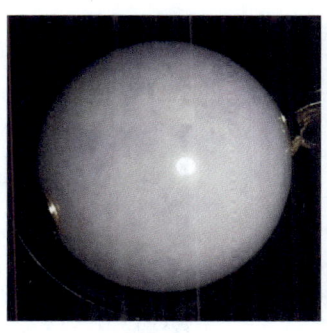

图 2-2-12 天然紫色翡翠

染紫色的翡翠紫色充填在翡翠的裂隙和孔隙之中,其颜色分布特征为染料形成紫色的细脉,或者紫色充填在白色翡翠颗粒间的孔隙中(图 2-2-13)。

图 2-2-13 染紫色的翡翠

一般认为翡翠染成紫色比染成绿色更不好鉴定,因为诊断性的特征更少,但只要认真观察仍然可以找到染紫色的翡翠的特征性标志。

覆膜处理的紫色翡翠特点同样是浓艳的颜色,与天然颜色分布特征不一致,有时可见膜层脱落和特殊晕彩(图 2-2-14)。

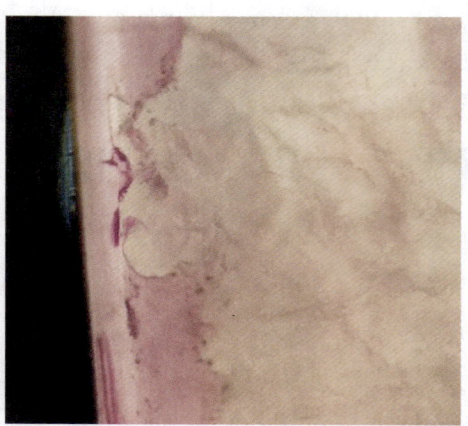

图 2-2-14　覆膜紫色翡翠的膜层脱落

抛光粉染紫色翡翠的特征和抛光粉染绿色翡翠的特征相同。

2) 观察光泽

抛光良好、质地致密的翡翠,由于表面光滑,可呈玻璃光泽。结构较粗、质地疏松的翡翠,由于粒间间隙、橘皮效应的影响,光泽较弱,呈亚玻璃光泽—油脂光泽。

而经过酸洗漂白的翡翠,大多结构疏松,表面可见溶蚀坑,会产生漫反射,光泽较弱;若再充胶,表面则为树脂光泽,无灵性。B 货翡翠充胶之后再抛光,在充填的凹坑处仍可见树脂光泽光斑(图 2-2-15)。因此,B 货翡翠整体混杂着树脂光泽与玻璃光泽。

另外,覆膜翡翠表面光泽异常,多为树脂光泽。表面反光时可见膜层的特殊晕彩(图 2-2-16)。

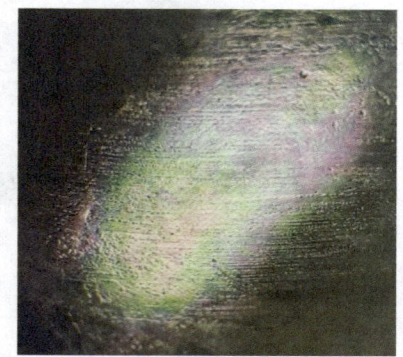

图 2-2-15　光泽对比　　　　　　　　　　　　图 2-2-16　覆膜翡翠表面膜层的晕彩

(左:A 货翡翠的玻璃光泽;右:B 货翡翠表面的树脂感较强)

3) 观察外部特征

大多数天然翡翠的表面可见橘皮效应,可显示翠性。而漂白、充填翡翠常见的外部特征如下。

(1) 酸蚀网纹。

酸蚀网纹又称龟裂纹,是鉴别漂白、充填处理翡翠非常关键的证据。酸蚀网纹本质上是一些微细裂纹,成因是充填在 B 货翡翠矿物颗粒间隙内的胶的硬度较低,在切磨抛光时,低硬度的胶容易被抛磨,形成下凹的沟槽,呈沟渠状,形态像干裂土壤的网状裂纹(图 2-2-17)。

图 2-2-17　漂白、充填翡翠的酸蚀网纹

酸蚀网纹与天然翡翠正常的橘皮效应不同(图 2-2-18)。橘皮效应是因集合体中硬玉颗粒的差异硬度，较软的方向易被磨蚀，呈下凹状，下凹的颗粒与周围较硬的颗粒边界有一个圆滑过渡的斜坡。而 B 货翡翠的酸蚀网纹，则是沿着颗粒边界形成的下凹的小缝隙。虽然 B 货翡翠也存在颗粒之间的硬度差异，也会形成橘皮效应，但因为颗粒之间存在硬度更小的胶，使得下凹与凸起的表面之间缺少斜坡状的过渡区。在放大观察时，B 货翡翠可见细线状的、围绕着每一个晶体颗粒的、连通状的网纹。

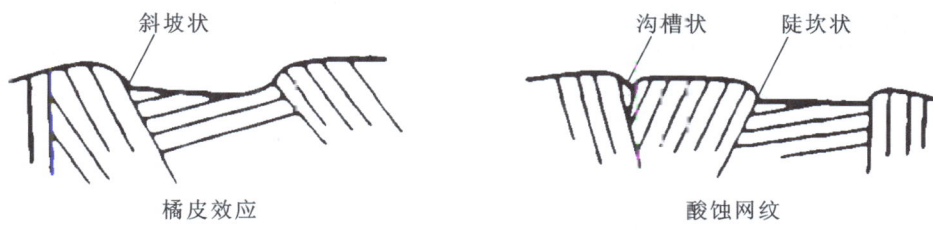

图 2-2-18　橘皮效应和酸蚀网纹的成因与区别示意图

(2) 酸蚀充胶裂隙特征。

翡翠中的裂隙是易于受酸洗和充胶的部位。如果样品上有裂隙，则应对之进行重点观察，并查找处理的证据。

① B 货翡翠中较大的裂隙内会充填有较多胶，在反射光下通过显微镜可见到呈树脂光泽(反光较弱)的平面，于是充填部分表面光泽与样品主体光泽会有差异(图 2-2-19，图 2-2-20)。有时甚至可以观察到包裹在胶中的气泡。但是，具有呈树脂光泽的下凹弧面的裂隙，不一定就是充胶裂隙；因为，翡翠制品的上蜡工序也会使裂隙产生类似的现象。如果裂隙较宽，可以用细针在裂隙部位刻划，充填的胶一般较韧，会划出光滑的痕迹；而蜡软易粉碎，刻划更为容易，并且会留下蜡的粉末。

  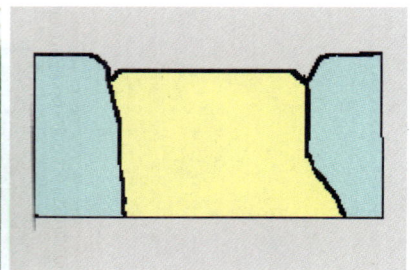

图 2-2-19　开放式的裂隙内有光泽较弱的平面　　　图 2-2-20　充胶裂隙成因示意图

② 裂隙的边界常呈裂碎状，甚至有从裂隙壁上散落下来、被胶包裹住的小角砾，裂隙处还常发育毛发状的分支裂隙。

③ 充胶裂隙的另一个特征：在表面上非常清楚的开放裂隙，延伸到内部的部分却不明显，也不会对光线的通过产生阻挡。当裂隙较为平直时，甚至还可见到充填其间的透明的胶。

（3）充胶的溶蚀坑。

溶蚀坑也是 B 货翡翠的典型特征。这是由于翡翠中有时局部富集某些易被酸碱腐蚀的矿物，如铬铁矿、云母、钠长石等，在处理过程中它们被溶蚀形成较大的空洞，空洞中可填充大量的胶，甚至还可观察到胶中封闭的气泡。充填部分为蜡状光泽或树脂光泽，未充填的部分为玻璃光泽（图 2-2-21）。

图 2-2-21　B 货翡翠充胶的溶蚀坑

酸蚀网纹和凹坑

覆膜翡翠放大检查可见表面光泽异常。另外，由于膜层硬度低，易被硬物划伤，在放大镜下，可以看到表面有毛丝状的小划痕，这是天然翡翠所没有的。同时，天然翡翠表面橘皮效应也会变得不明显或者不可见，表面的粒状结构特征（粒间界线）也看不见。膜层有时会因粘结不牢，发生膜层脱落现象。有时膜层与翡翠之间产生空隙，局部形成晕彩（图 2-2-22）。

 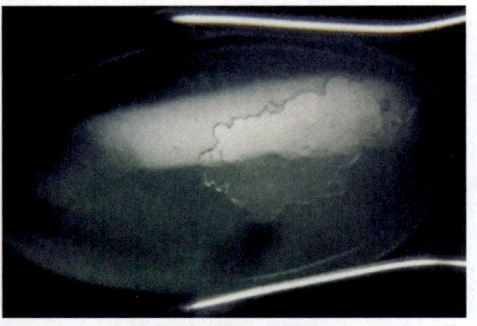

图 2-2-22　覆膜翡翠的表面特征

4）观察内部特征

天然翡翠主要为纤维交织结构、柱状变晶结构、柱状镶嵌结构、不等粒变晶结构和交代结构等。

B货翡翠由于酸的侵蚀,结构不规则;还由于晶粒之间充填了透明度高的胶,弥合了晶粒之间的空隙,增强了光线的透射作用,故在观察B货翡翠内部时,会发现结构松散、晶粒之间的边界模糊不清。粒度粗的B货翡翠与天然翡翠的结构差异尤其明显(图2-2-23)。

图 2-2-23　天然翡翠(左)和漂白、充填翡翠(右)透光时结构对比

另外,用侧光源照射天然翡翠时,光的传播明显受到翡翠的粒间边界或微裂隙的阻挡,如果晶粒较粗,则透明度会明显降低。而同样粗粒的B货翡翠则不然,结构粗松的B货翡翠会出现透明度较好的反常现象,也就是透明度与结构不相配。这种现象可作为识别B货翡翠的一个特征,但要慎重对待,最好将其作为一种辅助性的鉴定依据,而不作为决定性的鉴定特征。

还有一种辅助性的鉴定手段,即听声音。将两件翡翠相碰,或用一件天然翡翠敲击被测物,若样品是天然翡翠,一般会发出清脆的"钢音";而B货翡翠的敲击声多沉闷嘶哑,不够清脆,与天然的不同。需要注意的是,天然翡翠如果有裂纹,或者质地疏松也会出现嘶哑和沉闷的敲击声。此外,能以假乱真的B货翡翠,以及大多数的C货翡翠,在一般人听来,其声音与天然翡翠几乎无差别。这一方法对手镯最为有效,但只能作为辅助检测手段,需结合其他检测特征来综合判断。

听声辨玉

5）天然翡翠和优化处理翡翠的肉眼及放大观察特征小结

天然翡翠和优化处理翡翠的肉眼及放大观察特征见表2-2-2。

表 2-2-2　天然翡翠和优化处理翡翠的肉眼及放大观察特征

特征	描述
颜色	天然翡翠颜色很丰富,漂白、充填翡翠具有比较典型的苍白底色调,而染色翡翠和覆膜翡翠一般颜色较鲜艳、单调
颜色分布	天然翡翠的色根有形,颜色边界清晰;大多数处理翡翠颜色发散、无形、边界模糊
光泽	天然翡翠的光泽一般强于处理翡翠
内部特征	天然翡翠表面有橘皮效应、翠性等外部特征;漂白、充填处理翡翠表面会出现酸蚀网纹,还会因充填呈现胶的观感。内部特征方面,天然翡翠结构相对清晰,处理翡翠结构大多模糊不清
听声音	相互敲击时,天然翡翠往往声音比较清脆,而处理翡翠声音沉闷

2. 任务实施

(1) 对样品进行肉眼及放大观察，按要求描述样品的特征，并按照国标进行定名，填入表 2-2-3。

表 2-2-3　样品的肉眼及放大观察特征

样品号	颜色	颜色分布	光泽	外部特征	内部特征	声音	其他	定名

(2) 请根据自己的实践，总结肉眼及放大观察中，天然翡翠和优化处理翡翠最主要鉴定特征。

_____
_____
_____
_____
_____

任务二　天然翡翠和优化处理翡翠的仪器鉴定

1. 任务分析

经过任务一的肉眼及放大观察过程，仍然无法判断是否天然的样品，可通过仪器进一步鉴定。

1) 观察荧光

在紫外灯下，天然翡翠荧光无—弱，色调可为白色、绿色、黄色。但大多数天然翡翠没有紫外荧光，尤其是翠绿色、绿色、墨绿色、黑色和红色的翡翠，在长波（365 nm）和短波（254 nm）紫外灯下，都不发荧光。部分白色的翡翠，在长波紫外光下有弱的橙色荧光。

翡翠上蜡后,会出现弱的蓝白色荧光。如果翡翠的结构不够致密,有较多的蜡浸入了翡翠内部,蓝白色的荧光也会随着增强。经过漂白、充填处理的 B 货翡翠一般都有弱—强的蓝白色荧光。B 货翡翠荧光的强弱与充填的胶的种类有关。早先漂白、充填处理的翡翠会有中—强的蓝白色荧光(图 2-2-24),但 20 世纪 90 年代以后制作的 B 货翡翠已很少有强荧光的现象。

这一方法最大的问题在于,经过上蜡的,尤其是浸蜡的翡翠也具有弱到中等的蓝白色荧光,目前无法区分出树脂与蜡的荧光。所以观察紫外荧光只能作为辅助性的鉴定方法。

图 2-2-24 有机物充填的翡翠具有强的蓝白色荧光

在长、短波紫外光下,染料可引起特殊荧光。染紫色翡翠多有粉红色的荧光。但由于荧光较弱,当不易分辨时,不可作为鉴定依据。

覆膜翡翠也具有明显的荧光,有时还会由于膜层脱落形成斑驳的荧光(图 2-2-25)。

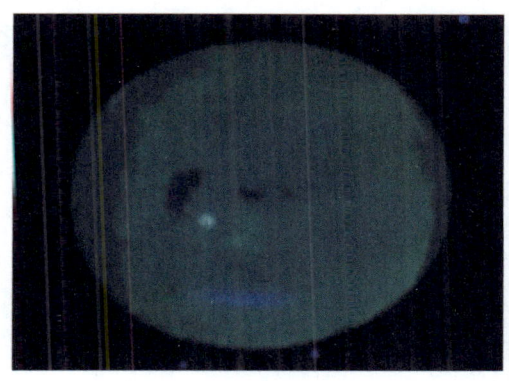 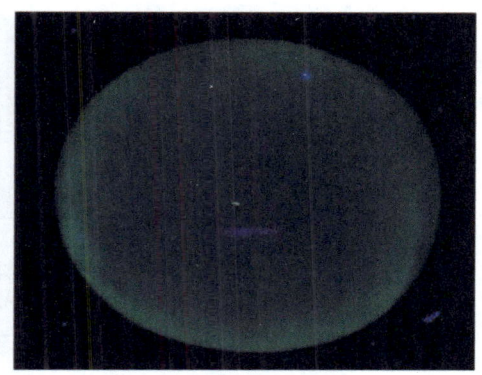

图 2-2-25 覆膜翡翠斑驳的荧光

2) 观察紫外可见光谱

天然翡翠一般具有 437 nm 吸收线;铬致色的绿色翡翠具 630 nm、660 nm、690 nm 吸收线,并大致呈阶梯状分布,其中中间的 660 nm 处的吸收线最明显。浅绿色的翡翠红光区的铬吸收线可能不明显,一般只可看到 660 nm 的吸收线。

染色翡翠紫外可见光谱可能有异常,铬盐染绿者,一般在红光区 650 nm 处有一条模糊吸带(图 2-2-26)。

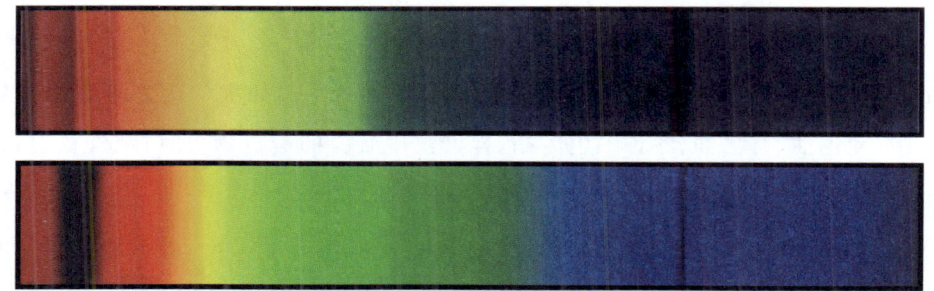

图 2-2-26 紫外可见光谱

(上 天然翡翠;下:铬盐染色的翡翠)

3)测定折射率

天然翡翠的折射率为1.666~1.690(+0.020,-0.010),点测法常为1.66。覆膜翡翠膜层的折射率仅为1.55左右,比天然翡翠低很多。

4)测试相对密度

天然翡翠的相对密度为3.34(+0.11,-0.09)。一般来说,翡翠经过漂白、充填处理之后,相对密度会明显降低,大多小于3.30,在纯二碘甲烷的重液(相对密度约为3.30)中上浮。根据实际工作的经验,绝大部分B货翡翠的相对密度小于3.30。但是,要注意的是,部分天然翡翠,由于含有相对密度小的矿物,如绿辉石、钠长石等,相对密度也会小于3.30。同时,少量酸洗处理轻、充填树脂不多、原生结构也比较致密的B货翡翠的相对密度与天然翡翠相似,相对密度大于或等于3.30。

尽管如此,相对密度测试不失为一种便捷并且客观的鉴别B货翡翠的方法。

5)测试红外光谱

在珠宝检测机构的日常检测中,最常用且最准确的区分天然翡翠和优化处理翡翠的方法为红外光谱测试。红外光谱仪对有机物的反应非常灵敏,尤其是高分子聚合物。充填处理翡翠因含有高分子聚合材料,会有特定的吸收峰。红外光谱仪能够准确并且灵敏地探测出翡翠样品中是否含有胶。20世纪80年代中后期电脑技术的快速发展,使傅里叶变换红外光谱仪更为小型化、更便宜,成为鉴定翡翠最有效的一种实验设备。

天然翡翠的红外光谱:反射谱图,显示硬玉的特征吸收峰,中红外区具Si—O等基团振动所致的特征红外吸收谱带;透射图谱如图2-2-27所示,有时可因含水出现一些相关吸收峰。

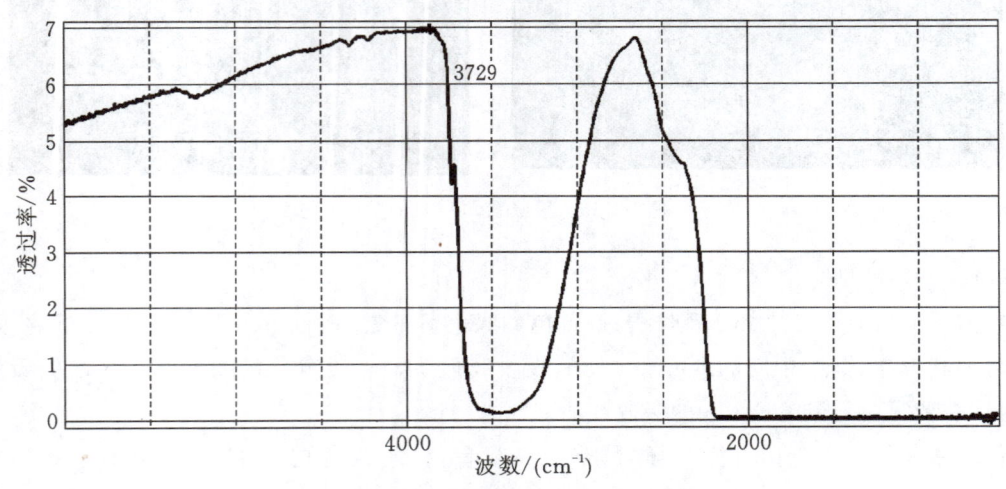

图2-2-27 含有特定含水矿物的翡翠红外透射谱图

[图片来源:《珠宝玉石鉴定 红外光谱法》(GB/T 42433—2023)]

当测试翡翠的光路中存在与—CH_3及—CH_2—有关的物质,如大气中未知有机挥发物、测试人员身体油脂、无色油、有色油、各种颜色的蜡、光谱仪中必要的有机物等时,红外透射谱图往往会在2960 cm^{-1}、2920 cm^{-1}、2850 cm^{-1}附近出现吸收峰(图2-2-28)。

经漂白、充填处理的翡翠,其红外透射谱图具4062 cm^{-1}、3055 cm^{-1}、3035 cm^{-1}、2965 cm^{-1}、2930 cm^{-1}、2872 cm^{-1}等由苯环及—CH_2—CH_3与苯环结合偏移(即人工树脂充填物)引发的一组吸收谱带(图2-2-29)。这些吸收峰都具有诊断意义。

当B货翡翠中充填的树脂较多时,红外透射谱图中本应常出现的3055 cm^{-1}、3035 cm^{-1}、

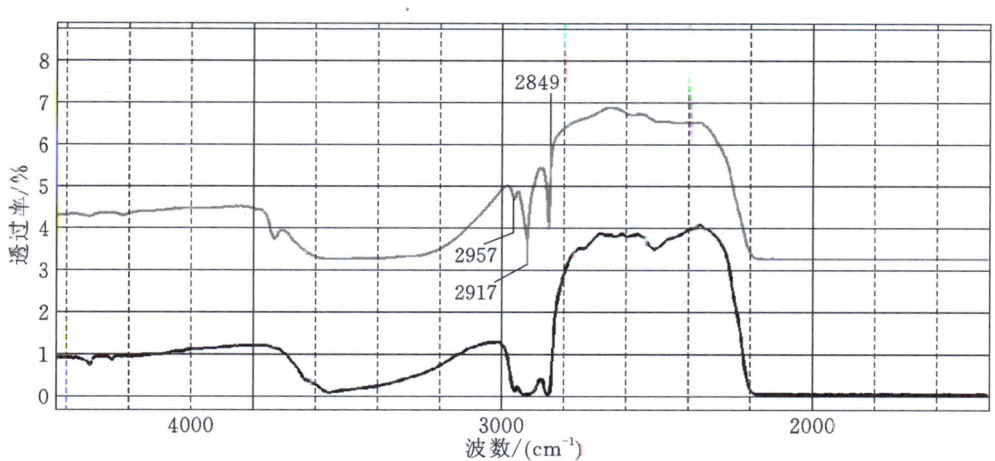

图 2-2-28 光路中存在与—CH₃ 以及—CH₂—结构物质的翡翠红外透射谱图

[图片来源:《珠宝玉石鉴定 红外光谱法》(GB/T 42433—2023)]

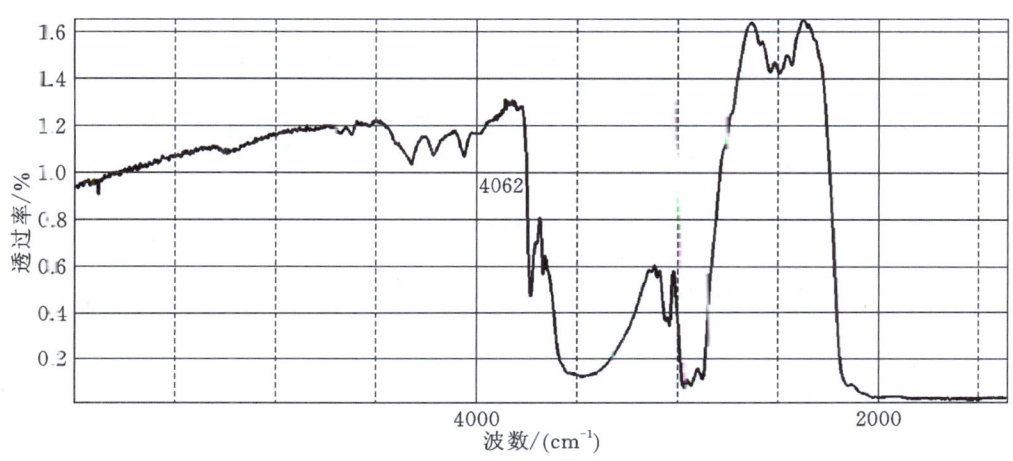

图 2-2-29 经漂白、充填的翡翠红外透射谱图

[图片来源:《珠宝玉石鉴定 红外光谱法》(GB/T 42433—2023)]

2965 cm⁻¹、2930 cm⁻¹、2872 cm⁻¹ 等吸收谱带因全(或强)吸收被湮埋而难以识别,大致位于 4060 cm⁻¹、(较易测到)、4620 cm⁻¹(较难测到)、4680 cm⁻¹(难以测到)和 5980 cm⁻¹(很难测到)处的吸收峰提供了经漂白、充填的证据(图 2-2-30)。

当样品吸收较强导致(3600~2800) cm⁻¹ 范围内趋于全吸收时,红外透射谱图 3055 cm⁻¹、3035 cm⁻¹、2965 cm⁻¹、2930 cm⁻¹、2872 cm⁻¹ 等吸收谱带均被湮埋,大致位于 4060 cm⁻¹(较易测到)、4620 cm⁻¹(较难测到)、4680 cm⁻¹(难以测到)和 5980 cm⁻¹(很难测到)处的吸收峰以及 2600~2400 cm⁻¹ 范围内的强吸收峰提供了翡翠经漂白、充填处理的证据(图 2-2-31)。

覆膜翡翠的红外光谱测试,可见膜层有机物的特征峰。

含油脂和蜡的翡翠与 B 货翡翠的红外光谱,比较重要的区别是:①蜡或油没有 3035 cm⁻¹ 和 3055 cm⁻¹ 的吸收峰,也没有(2400~2700) cm⁻¹ 之间的"指状吸收峰";②蜡或油的 2850 cm⁻¹、2925 cm⁻¹ 和 2960 cm⁻¹ 的 3 个吸收峰组成中,除谷的形成与树脂胶略有不同之外,蜡或油的 2925 cm⁻¹ 峰的吸收最强,呈主岭状,而胶的 2930 cm⁻¹ 与 2965 cm⁻¹ 的吸收强度相当,呈双峰状。

据此可以准确地区别胶和蜡(油),避免判断的错误。

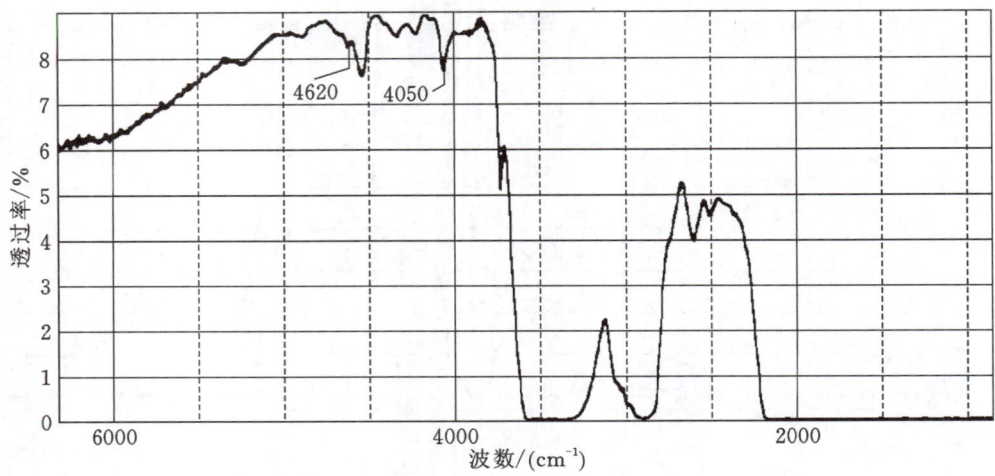

图 2-2-30　经大量人工树脂充填翡翠的红外透射谱图

[图片来源:《珠宝玉石鉴定 红外光谱法》(GB/T 42433—2023)]

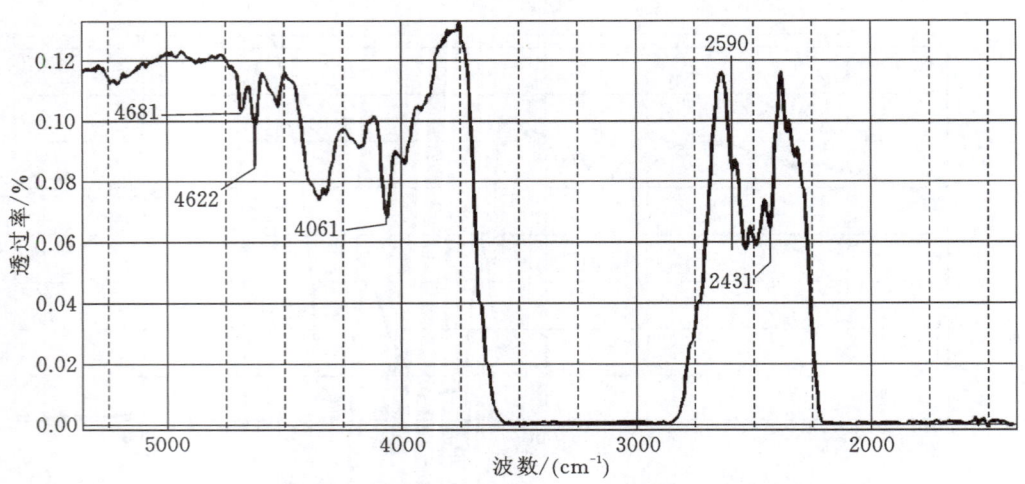

图 2-2-31　在(3600～2800) cm^{-1} 范围强吸收的经漂白、充填翡翠红外透射谱图

[图片来源:《珠宝玉石鉴定 红外光谱法》(GB/T 42433—2023)]

6) 天然翡翠和优化处理翡翠的仪器鉴定特征小结 (表 2-2-4)。

表 2-2-4　天然翡翠和优化处理翡翠的仪器鉴定特征总结

特征	天然翡翠	优化处理翡翠
荧光特征	一般无荧光	很有可能会出现荧光
紫外可见光谱	天然绿色翡翠在红区有阶梯状吸收线	染绿色一般是在红光区 650 nm 有一条模糊吸带
折射率	1.66(点测)	覆膜翡翠折射率会出现异常的低值
相对密度	大多在 3.30 以上	漂白、充填处理翡翠相对密度一般略低
红外光谱	天然翡翠的红外光谱	充填和覆膜翡翠会出现翡翠特征峰之外的相关特征吸收峰

2. 任务实施

（1）对样品进行仪器鉴定，按要求描述样品的各项鉴定特征，并按照国标进行定名，填入表 2-2-5。

表 2-2-5　样品的仪器鉴定特征

样品号	荧光特征	紫外可见光谱	折射率	相对密度	红外光谱	其他	定名

（3）请根据自己的实践经验，总结不同仪器下天然翡翠和优化处理翡翠最主要的鉴定特征。

_____
_____
_____
_____
_____

五、项目评价

本次项目评价考核由自评、互评和师评 3 个部分组成，其中自评占 20%、互评占 40%、师评占 40%（表 2-2-6）。

表 2-2-6　工作过程评价表

组号		班级学号		姓名		标本组号		总成绩	
序号	项目	考核内容	配分标准		得分			项目成绩	
					自评 20%	互评 40%	师评 40%		
1	团队协作	与小组成员和谐相处,互相学习,互相帮助,团队分工明确	10 分						
2	操作过程	操作规范	10 分	70 分					
		鉴定特征测定准确	10 分						
		鉴定特征记录规范	10 分						
		鉴定结论准确	10 分						
		鉴定任务单书写完整规范	20 分						
		鉴定流程完整规范	2 分						
		标本无损坏、无污染	4 分						
		保持工位整洁	2 分						
		耗材使用不浪费	2 分						
3	学习态度	态度积极,遵守纪律,学习目标明确	10 分						
4	解决问题的能力	能顺利解决问题	10 分						

六、课外拓展

在翡翠市场上,有些商家会将抛光粉刻意留在翡翠饰品上。这种翡翠是经过优化还是处理呢？

【思政点　严守规范标准,承担岗位使命】

在市场中,一些不法商家用处理翡翠冒充天然翡翠,导致消费者上当受骗,遭受经济损失。作为珠宝鉴定师应帮助消费者"打假",严守职业规范,在交易中清楚标示宝玉石是否经过优化处理,保证买卖的公平和公正,维护行业的健康发展。

思政点
严守规范标准,
承担岗位使命

项目三　珠宝质检站的翡翠鉴定工作流程

一、情景导入

毕业后，大家进入了一家珠宝质检站（图2-3-1）工作。某日，一位客户送来一件"翡翠"饰品进行鉴定。现各鉴定小组接到质检站分配的此项任务，要求在2小时内出具证书，客户将在2小时后取样。

图2-3-1　珠宝质检站工作场景

二、学习目标

知识目标：掌握鉴定翡翠与相似宝玉石、天然翡翠与优化处理翡翠的方法；熟悉翡翠鉴定的综合思路；掌握准确、高效的鉴定方法。

能力目标：能区分宝玉石品种和是否经过优化处理；能准确描述各项鉴定特征，并按国家标准进行定名；能完整地按照珠宝质检站实际检测工作流程出具相应的检测证书。

素养目标：通过课堂实践，熟悉宝玉石鉴定工作流程及要求，提高劳动素质能力，养成规范工作的良好习惯；通过小组任务，培养良好的沟通能力和团队合作的意识。

三、背景知识

在学习了翡翠鉴定的相关知识后，很多同学日后可能会在珠宝质检站中工作。在珠宝质检站的工作中，除了要判断翡翠的真伪及是否经过优化处理之外，还需要对样品的各方面进行描述，最终出具证书，工作环节会更多、更复杂。本项目针对常见的珠宝质检站的工作流程，介绍质检站中翡翠的综合鉴定。

四、项目过程

基于珠宝质检站实际工作场景，整个项目包括收样、辅检、检测、制作证书、审核等在内的完整质检流程（图2-3-2）。

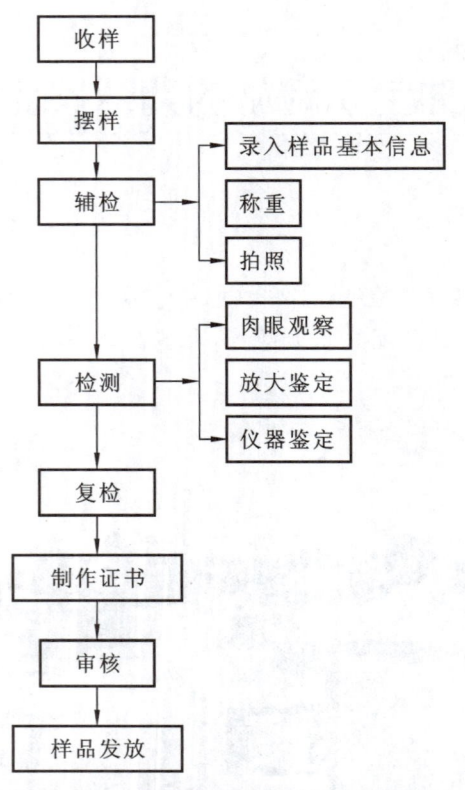

图 2-3-2　珠宝质检站的翡翠鉴定工作流程

任务　熟悉珠宝质检站的翡翠鉴定工作流程

1. 任务分析

客户称送检的样品(图 2-3-3)需要出具鉴定证书。我们可以按照以下流程出具证书。

(1) 收样：前台工作人员接收样品(图 2-3-4)，判断样品是否符合检测范围。若符合，按要求对样品进行初步观察，核对样品的类型、完整度、样品数量、样品质量等，明确客户要求(必要时确定样品来源)，签订委托检验收样单(表 2-3-1)。

图 2-3-3　送检样品

图 2-3-4　质检站收样窗口

表 2-3-1　收样单示例

客户名称	李女士		
收样日期	2024.10.17	收样人	×××
样品类型	玉石挂件	样品状态	完好
总数量	1	总质量	20.82 g
样品编号	YS10170001		

（2）摆样：样品进入实验室后，由相关工作人员进行摆样。先填写样品的编号、客户简称、检测数量等标签，然后将标签粘贴到摆样盘空格的左上角，再将待测的珠宝首饰按顺序摆放在收样盘中（图 2-3-5）。

图 2-3-5　摆样

（3）辅检：辅检人员先接收样品，观察样品，录入样品的基本信息，如饰品类型、形状、颜色等。再使用电子天平称重，记录样品的质量（图 2-3-6）。并对样品进行拍摄，再将照片录入到对应序号的样品信息中。信息录入后，进行检查核对。

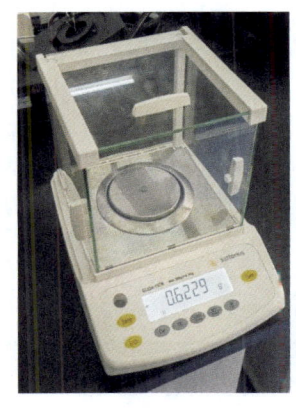 

图 2-3-6　用电子天平对样品进行称重

（4）检测：检测人员接收样品，根据样品信息，选取准确、高效的方法对样品进行检测，录入相关检测数据，并进行准确定名（图 2-3-7）。

（5）复检：另一名检测师按照同一操作程序对样品再次进行检测，并复核两次检测结果，确保检测结果的准确性，出具最终检测结果。

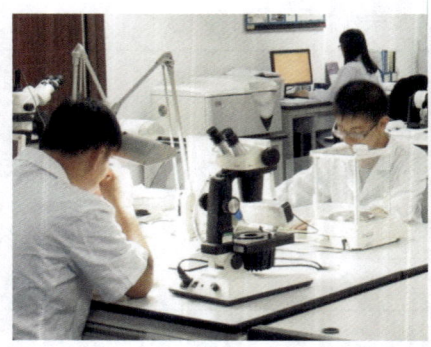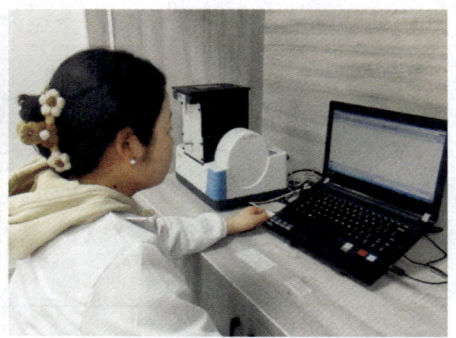

图 2-3-7　检测样品

（6）制作证书：工作人员打印并制作检测证书（表 2-3-2），最后加盖钢印。

表 2-3-2　检测证书模板

样品编号	YS10170001		样品图片
样品外观特征	样品类型：挂件		
	形状：雕件		
	颜色：白色—浅绿色		
	质量：20.82 g		
样品鉴定特征	颜色：绿色呈丝线状、团块状分布，有褐色杂色		
	折射率：1.66（点测）		
	红外光谱：为天然翡翠的特征吸收峰		
定名	翡翠		
检验人		审核人	

（7）审核：质量监督人员对证书所有的检测信息、检测结果、照片质量等进行综合审核。

（8）样品发放：最后将样品装袋，并配好证书交给前台工作人员。前台工作人员凭委托检验收样单核对取货人身份信息、样品信息，样品与证书核对无误后发货。

2. 任务实施

接收到样品后，小组成员快速分配工作任务，如收样信息录入、辅检、主检、审核、填写证书分别由谁负责，讨论鉴定思路，理清鉴定流程，进入鉴定环节，并且计时。相关负责人完成相关任务，并规范填写收样单（表 2-3-3）和检测证书（表 2-3-4）。

表 2-3-3　样品的收样单

客户名称			
收样日期		收样人	
样品类型		样品状态	
总数量		总质量	
样品编号			

表 2-3-4　样品的检测证书

样品编号		样品图片
样品外观特征	样品类型： 形状： 颜色： 质量：	
样品鉴定特征		
定名		
检验人		审核人

五、项目评价

本次项目评价考核由自评、互评和师评 3 个部分组成，其中自评占 20％、互评占 40％、师评占 40％（表 2-3-5）。

表 2-3-5　工作过程评价表

组号		班级学号		姓名		标本组号		总成绩	
序号	项目	考核内容	配分标准	得分			项目成绩		
				自评 20％	互评 40％	师评 40％			
1	团队协作	与小组成员和谐相处，互相学习，互相帮助，团队分工明确	10 分						
2	操作过程	操作规范	10 分	70 分					
		鉴定特征测定准确	10 分						
		鉴定特征记录规范	10 分						
		鉴定结论准确	10 分						
		收样单和检测证书书写完整规范	20 分						
		鉴定流程完整规范	2 分						
		标本无损坏、无污染	4 分						
		课程结束，按要求保持工位整洁	2 分						
		不浪费耗材	2 分						
3	学习态度	态度积极，遵守纪律，学习目标明确	10 分						
4	解决问题的能力	能顺利解决问题	10 分						

六、课外拓展

查询国内外珠宝质检站官方网站的资料,对比各个质检站工作流程的差异。

【思政点　鉴宝之路,团队为纲】

在实际的质检站工作中,有收样、辅检、检测、审核等一系列岗位,每个小组成员都要做好自己的工作,共同协作完成整个任务,要有团队意识和互助精神。

模块三　翡翠的品质评价

项目一　无色翡翠的品质评价

一、情景导入

李女士在云南旅游时,去姐告翡翠市场淘宝,花十万买了个翡翠吊坠(图3-1-1),回家后她怀疑买贵了,送检要求评价翡翠等级。作为珠宝评估师,可依据国家标准《翡翠分级》(GB/T 23885—2009),对该样品进行品质评价。

二、学习目标

知识目标:了解无色翡翠的透明度、质地和净度等品质要素;分析影响无色翡翠品质评价的关键要素。

能力目标:能够通过观察、描述和分析无色翡翠透明度、质地和净度等特征,识别其品质要素;能够综合评估无色翡翠的品质,并对其进行分级。

素养目标:自主学习的能力与团队合作的意识;熟悉无色翡翠的品质要素和评价,提高劳动素质,养成规范工作的良好习惯;通过记笔记,培养良好的学习方法;通过小组配合,培养良好的沟通能力。

图 3-1-1　翡翠吊坠

三、背景知识

国家标准《翡翠分级》(GB/T 23885—2009)于2010年3月1日起正式实施。它是我国首个玉石分级国家标准,是对翡翠品质进行分级评价的方法标准。标准只针对天然的未镶嵌和镶嵌磨制抛光的翡翠进行分级,不适用于翡翠原石、染色及处理翡翠,即只针对翡翠成品。

标准按颜色,分别对无色翡翠、绿色翡翠以及其他颜色翡翠的分级操作进行说明。相比于钻石4C分级,翡翠分级从颜色、透明度、质地、净度4个方面对翡翠进行级别划分,并对其工艺进行评价。无色翡翠因不含颜色要素,所以仅从透明度、质地、净度3个方面进行级别划分。

四、项目过程

根据项目工作过程设置4个任务。

无色翡翠的评估分级过程和鉴定过程基本一致,只是在检测工作之后,还需要再对无色翡翠的透明度、质地、净度进行详细的分级(图 3-1-2)。出具的评估证书包括了翡翠鉴定和分级信息。

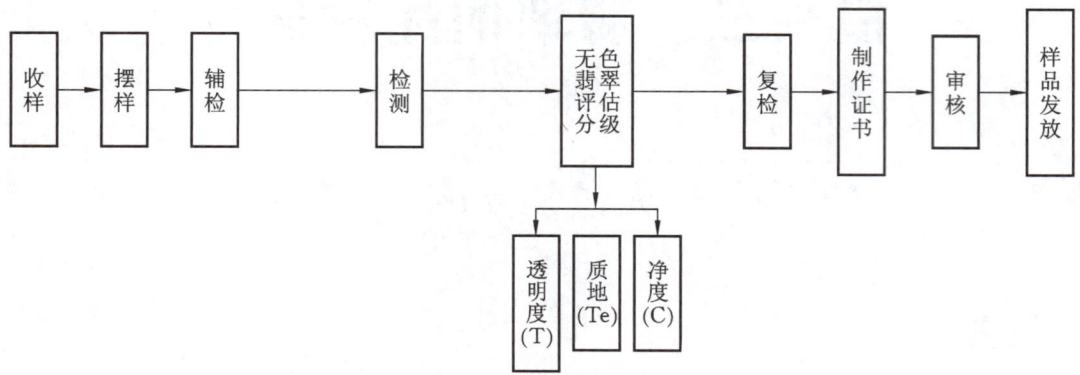

图 3-1-2　无色翡翠分级流程图

任务一　透明度分级

1. 任务分析

透明度是影响无色翡翠品质最主要的因素之一。根据翡翠透过自然光的能力,按照《翡翠分级》(GB/T 23885—2009),将无色翡翠的透明度分为 5 个级别(图 3-1-3)。

图 3-1-3　翡翠样品透明度对比图

1) 透明(T_1)

反射观察:内部汇聚光强,汇聚光斑明亮。

透射观察:绝大多数光线可透过样品,样品内部特征清楚可见。

透明翡翠

2）亚透明（T_2）

反射观察：内部汇聚光较强，汇聚光斑较明亮。

透射观察：大多数光线可透过样品，样品内部特征可见。

3）半透明（T_3）

反射观察：内部汇聚光弱，汇聚光斑暗淡。

透射观察：部分光线可透过样品，样品内部特征尚可见。

亚透明翡翠　　半透明翡翠

4）微透明（T_4）

反射观察：内部无汇聚光，仅可见微量光线透入。

透射观察：少量光线可透过样品，样品内部特征模糊不可辨。

5）不透明（T_5）

反射观察：内部无汇聚光，难见光线透入。

透射观察：微量或无光线可透过样品，样品内部特征不可见。

微透明翡翠　　不透明翡翠

透明度分级时需借助无色翡翠透明度标准样品（图 3-1-4），按照透射观察和反射观察相结合的方法确定待分级翡翠的透明度级别。

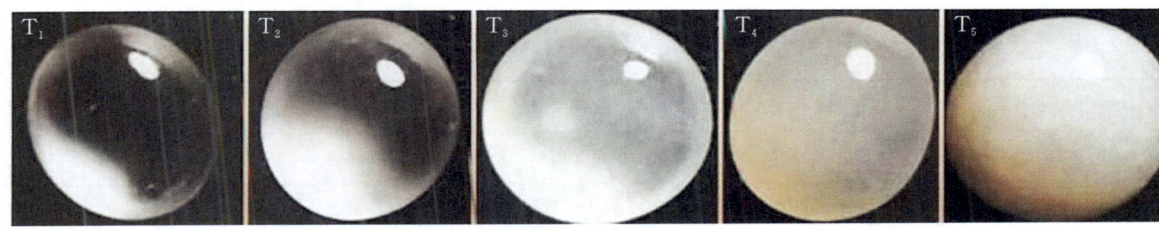

图 3-1-4　翡翠样品透明度标准样品

翡翠分级标准样品（简称标样）均采用下限石，即当待分级翡翠项目的表现刚好优于对应项目的某颗标样或与标样一致时，该标样所代表的级别即为待分级翡翠该项目的级别。待分级翡翠的透明度高于标样的最高级别，仍用最高级别表示待分级翡翠的透明度级别；待分级翡翠的透明度低于标样的最低级别，仍用最低级别表示待分级翡翠的透明度级别。

2. 任务实施

（1）按照国标写出无色翡翠透明度分级标准（表 3-1-1）。

表 3-1-1　无色翡翠透明度分级标准

透明度级别	肉眼观察特征
透明（T_1）	
亚透明（T_2）	
半透明（T_3）	
微透明（T_4）	
不透明（T_5）	

（2）将图 3-1-5 中无色翡翠透明度级别填入表 3-1-2。

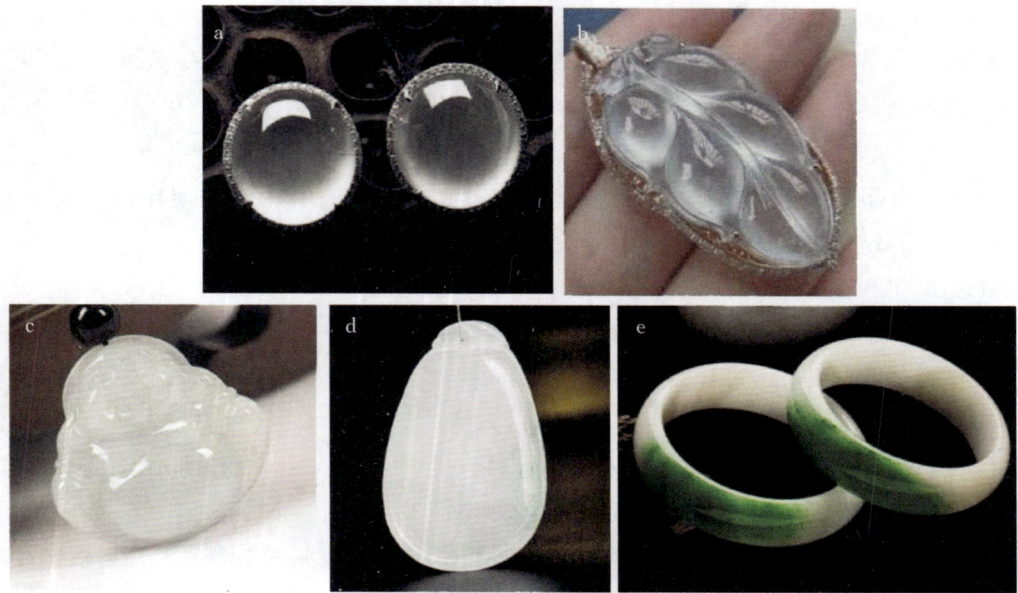

图 3-1-5　翡翠样品

表 3-1-2　无色翡翠透明度级别

翡翠样品	a	b	c	d	e
透明度级别					

任务二　质地分级

1. 任务分析

质地分级以肉眼观察为主,可以辅以 10 倍放大镜,根据国标《翡翠分级》,按照组成矿物的大小,将无色翡翠的质地分为 5 个级别。

极细(Te_1):质地非常细腻致密,10 倍放大镜下难见矿物颗粒(图 3-1-6),颗粒粒径<0.1 mm。

细(Te_2):质地细腻致密,10 倍放大镜下可见但肉眼难见矿物颗粒(图 3-1-7)。粒径大小均匀,0.1 mm≤颗粒粒径<0.5 mm。

图 3-1-6　极细翡翠样品

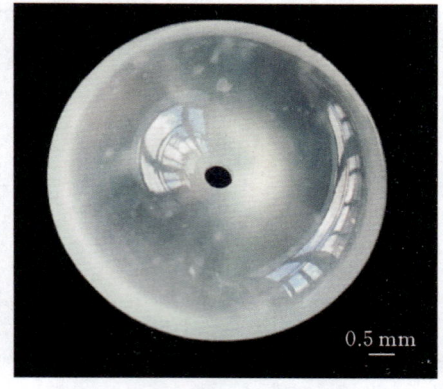

图 3-1-7　质地细翡翠样品

较细(Te_3):质地致密,肉眼可见矿物颗粒,粒径大小较均匀(图3-1-8),0.5 mm≤颗粒粒径<1.0 mm。

较粗(Te_4):质地较致密,肉眼易见矿物颗粒,粒径大小不均匀(图3-1-9),1.0 mm≤颗粒粒径<2.0 mm。

图3-1-8 较细翡翠样品

图3-1-9 较粗翡翠样品

粗(Te_5):质地略松散,肉眼明显可见矿物颗粒,粒径大小悬殊(图3-1-10),颗粒粒径≥2.0 mm。

质地是评价翡翠品质的另一个重要指标,通常无色翡翠中透明度较高的质地级别也会相对较高。但质地分级主要与翡翠中矿物颗粒大小及均匀程度有关,也会出现透明度级别较高但是质地级别不高的情况。图3-1-11中的翡翠整体透明度较好,内部特征尚可见,整体半透明(T_3),但内部矿物颗粒粒径大小悬殊,肉眼可见部分粒径较大的矿物颗粒,粒径≥2.0 mm,质地粗(Te_5)。

图3-1-10 粗翡翠样品

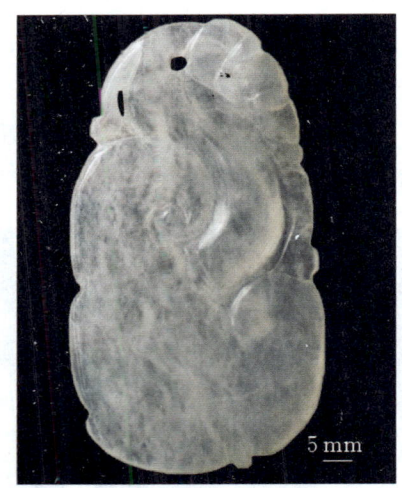

图3-1-11 翡翠样品

2. 任务实施

(1) 按照国标写出无色翡翠质地分级标准(表3-1-3)。

(2) 图3-1-12中无色翡翠质地级别为_____。

表 3-1-3　无色翡翠质地分级标准

质地级别	肉眼观察特征	颗粒粒径/mm
极细（Te_1）		
细（Te_2）		
较细（Te_3）		
较粗（Te_4）		
粗（Te_5）		

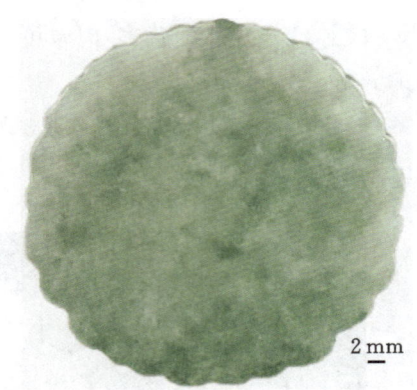

图 3-1-12　翡翠样品

任务三　净度分级

1. 任务分析

翡翠的内外部特征会影响翡翠的净度，透明度较好的翡翠，一些内含物因不易观察，所以对净度的影响不明显。但透明度提高，翡翠内部的可视程度也随之升高，内外部特征对翡翠整体的美观影响程度也会被放大。根据内含物对翡翠美观和耐久性的影响程度，参照《翡翠分级》（GB/T 23885—2009），将净度分为 5 个级别。

极纯净（C_1）：肉眼未见翡翠内外部特征，或仅在不显眼处有点状物、絮状物，对整体美观几乎无影响（图 3-1-13）。典型内外部特征为点状物、絮状物。

纯净（C_2）：具极细微的内外部特征，肉眼较难见，对整体美观度有轻微影响（图 3-1-14）。典型内外部特征为点状物、絮状物。

较纯净（C_3）：具有较明显的内外部特征，肉眼可见，对整体美观度有一定影响（图 3-1-15）。典型内外部特征为点状物、絮状物、块状物。

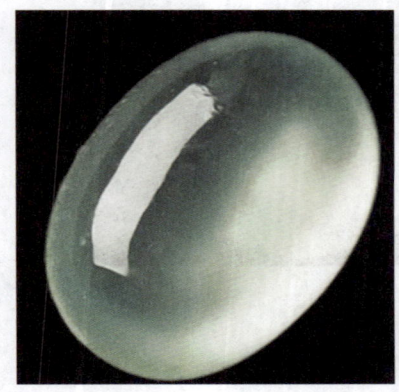
图 3-1-13　极纯净翡翠样品

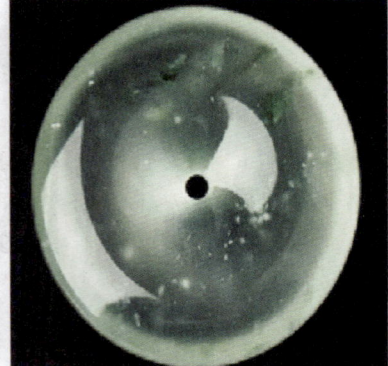
图 3-1-14　纯净翡翠样品

图 3-1-15　较纯净翡翠样品

尚纯净（C_4）：具有明显的内外部特征，肉眼易见，对整体美观度和（或）耐久性有较明显影响（图 3-1-16）。典型内外部特征为块状物、解理、纹理、裂纹。

不纯净（C_5）：具有极明显的内外部特征，肉眼明显可见，对整体美观度和（或）耐久性有明显影响（图 3-1-17）。典型内外部特征为块状物、解理、纹理、裂纹。

图 3-1-16　尚纯净翡翠样品

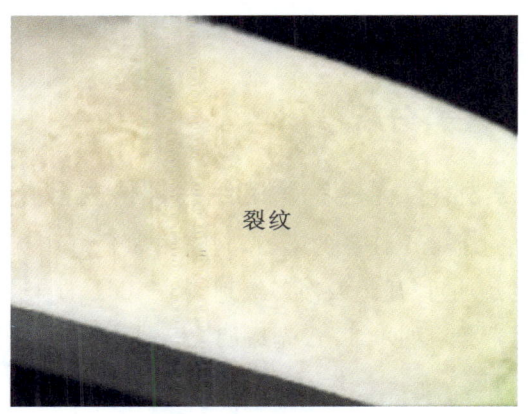

图 3-1-17　不纯净翡翠样品

净度分级（图 3-1-18）时，如果在翡翠样品中出现裂纹，一般净度级别在 C_4 以下。

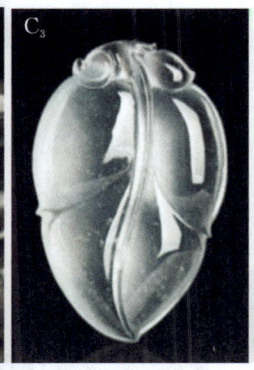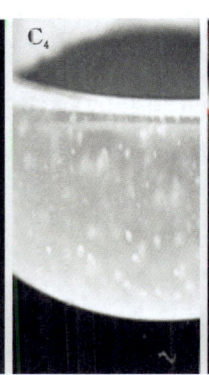

图 3-1-18　不同净度翡翠对比

2. 任务实施

（1）按照国标，在表 3-1-4 中填写无色翡翠净度分级标准。

（2）图 3-1-19 中无色翡翠净度级别为 _____。

表 3-1-4　无色翡翠质地分级标准

净度级别	肉眼观察特征	典型内外部特征类型

图 3-1-19　翡翠样品

任务四 无色翡翠的综合评价

1. 任务分析

【案例1 无色翡翠的综合评价内容】

通过前3个任务的学习,判断图3-1-20中无色翡翠的透明度、质地及净度级别。

透明度:透明(T_1),光斑明亮且内部细小包体清晰可见。

质地:细(Te_2),质地细,可见细小松散的矿物颗粒。

净度:纯净(C_2),有小的矿物颗粒及部分絮状物,肉眼状态下内部包体对整体美观有轻微的影响。

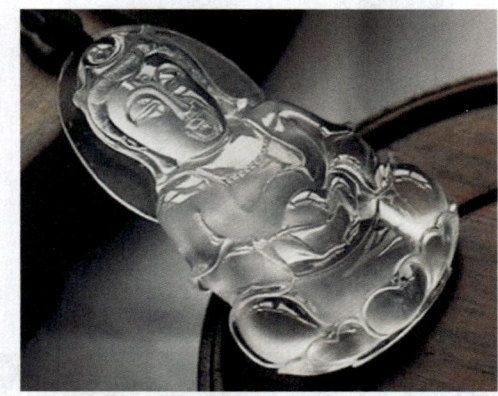

图3-1-20 无色翡翠分级样品

【案例2 无色翡翠的分级证书】

李女士购买送检的翡翠吊坠的分级证书如图3-1-21所示。

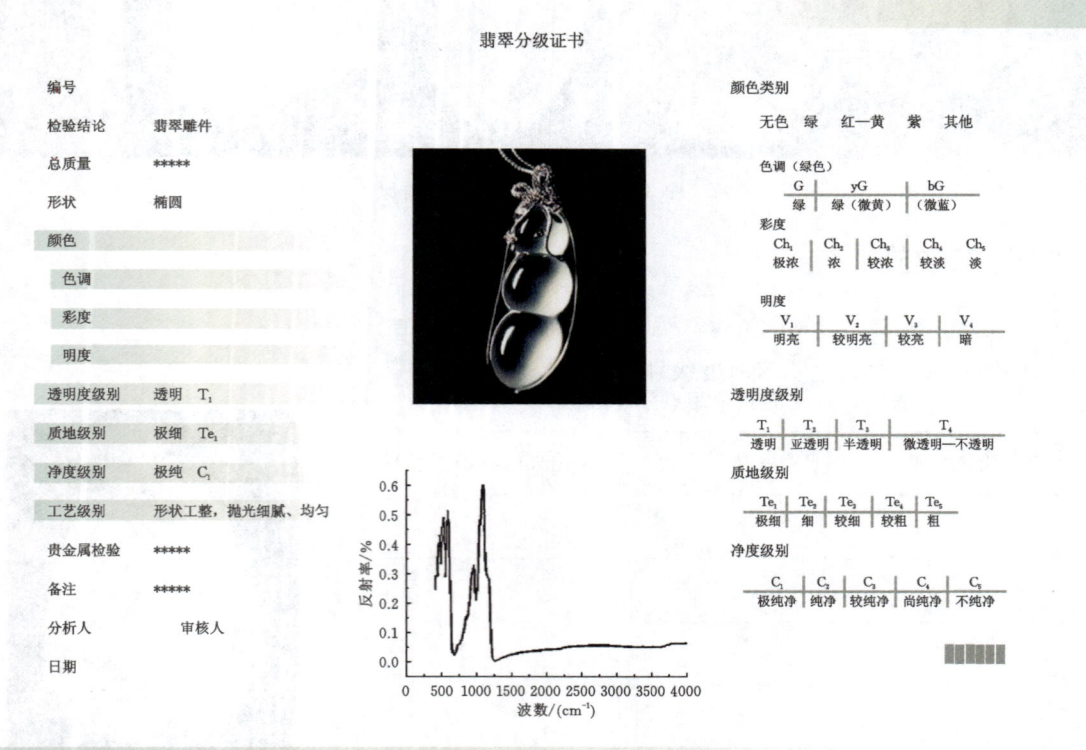

图3-1-21 无色翡翠的分级证书

2. 任务实施

对标本进行综合分级评估，并将结果填入表 3-1-5。

表 3-1-5　无色翡翠标本的综合分级

标本号_____	透明度级别_____
	质地级别_____
	净度级别_____
标本号_____	透明度级别_____
	质地级别_____
	净度级别_____

五、项目评价

本次项目评价考核由自评、互评和师评 3 个部分组成，其中自评占 20%、互评占 40%、师评占 40%（表 3-1-6）。

表 3-1-6　工作过程评价表

组号		班级学号	姓名		标本组号		总成绩
序号	项目	考核内容	配分标准	得分			项目成绩
				自评 20%	互评 40%	师评 40%	
1	团队协作	与小组成员和谐相处，互相学习，互相帮助，团队分工明确	10 分				
2	操作过程	操作规范	10 分				
		透明度级别测定准确	10 分	70 分			
		质地级别测定准确	10 分				
		净度级别测定准确	10 分				
		分级要素描述规范	15 分				
		分级流程完整	5 分				
		标本无损坏、无污染	5 分				
		保持工位整洁	5 分				
3	学习态度	态度积极，遵守纪律，学习目标明确	10 分				
4	解决问题的能力	能顺利解决问题	10 分				

六、课外拓展

在翡翠市场对翡翠商品进行观察,并结合价格进行分级评价,理解翡翠分级评价要素及对应价格之间的关系。

【思政点　全面多角度,辩证思维评估】

"横看成岭侧成峰,远近高低各不同。"从不同的角度看问题,得到的结果也不相同。在翡翠品质评价时,同学们要全面、多角度、辩证地进行翡翠的品质分级。

项目二 绿色翡翠的颜色评价

一、情景导入

对于送检的不同品种的绿色翡翠,质检机构的评估师应依据国家标准《翡翠分级》进行分级。观察图 3-2-1,描述绿色翡翠的品质要素。

图 3-2-1 翡翠样品

二、学习目标

知识目标:了解绿色翡翠色调、彩度和明度等颜色品质要素;分析影响绿色翡翠颜色级别的关键要素。

能力目标:能够通过观察、描述和分析绿色翡翠色调、彩度和明度等颜色特性,识别其颜色品质要素;能够综合评估绿色翡翠的颜色等级。

素养目标:通过课堂实践,熟悉绿色翡翠的颜色品质要素和评价,提高劳动素质能力,养成规范工作的良好习惯;培养良好的学习方法;通过小组任务,培养良好的沟通能力。

三、背景知识

在国家标准《翡翠分级》中,绿色翡翠的颜色是从色调(Co)、彩度(Ch)、明度(V)3 个方面进行评价的。

四、项目过程(图 3-2-2)

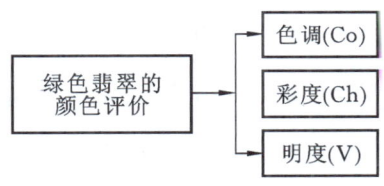

图 3-2-2 绿色翡翠的颜色分级

任务一 色调分级

1. 任务分析

当透明度、质地、净度级别相同时,有颜色的翡翠价值高于没有颜色的翡翠。在翡翠的各项品质要素中,颜色所占的权重极大,颜色分级是翡翠分级的重点。颜色分级按颜色的三要素进行,包括色调分类、彩度分级、明度分级。其中,色调是观察绿色翡翠品质评价的重要因素。可见光光谱中绿色的左右分别是蓝色和黄色(图 3-2-3),所以绿色翡翠除了正绿色外还经常伴有蓝色调、黄色调(图 3-2-4)。绿色翡翠按色调分为绿、绿(微蓝)、绿(微黄)3 个类型。

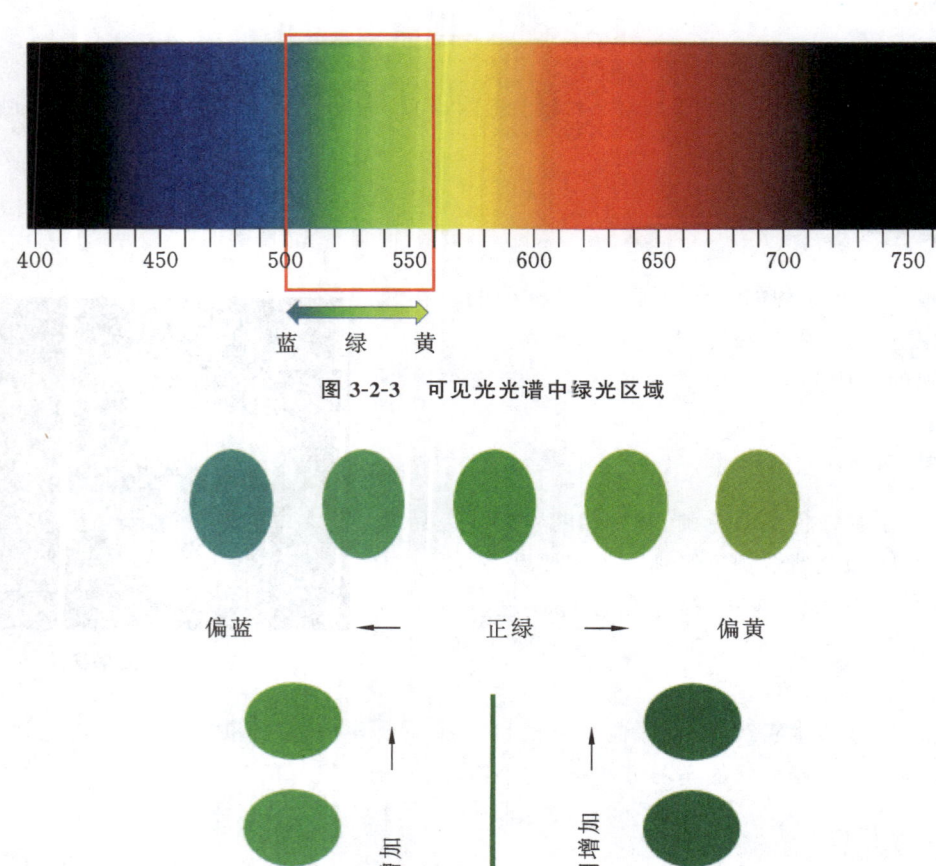

图 3-2-3　可见光光谱中绿光区域

图 3-2-4　不同饱和度、色调的绿色翡翠

绿色翡翠常用"正、浓、阳、匀"来形容颜色特点，其中"正"是指绿色纯正，不含杂色，就是不含其他色调。绿色翡翠中正绿色价值最高，带有蓝、黄色调都会降低翡翠的价值（图 3-2-5）。

图 3-2-5　绿色翡翠的不同色调

翡翠色调级别见图 3-2-6、表 3-2-1。在评价翡翠样品的色调级别时,若待分级翡翠的偏黄或偏蓝程度低于标样,则用"绿"表示待分级翡翠的色调类别;若待分级翡翠的偏黄或偏蓝程度等于或高于标样,则用"绿(微黄)"或"绿(微蓝)"表示待分级翡翠的色调类别。

| 绿(微黄)(yG) | 绿(G) | 绿(微蓝)(bG) |

图 3-2-6　绿色翡翠不同色调样品

表 3-2-1　绿色翡翠色调类别及表示方法

色调类别		肉眼观测特征
绿	G	样品主体颜色为纯正的绿色,或绿色中带有极轻微的、稍可觉察的黄、蓝色调
绿(微黄)	yG	样品主体为绿色,带有较易觉察的黄色色调
绿(微蓝)	bG	样品主体为绿色,带有较易觉察的蓝色色调

2. 任务实施

(1)将绿色翡翠色调级别及特征填入表 3-2-2。

(2)将图 3-2-7 中绿色翡翠色调的级别填入表 3-2-3。

表 3-2-2　绿色翡翠色调级别及特征

色调			
特征描述			

图 3-2-7　翡翠样品

表 3-2-3　绿色翡翠的色调级别

翡翠样品	色调级别
a	
b	
c	

任务二　彩度分级

1. 任务分析

彩度即翡翠色泽饱和度及浓艳程度,为"正、浓、阳、匀"中的"浓"。从极浓的"帝王绿"到"阳绿",再到"苹果绿"、极淡的"浅绿",越浓价值越高。按照颜色浓淡的程度将彩度分为 5 个级别。

极浓(Ch_1):反射光下呈深绿—墨绿色,颜色浓郁(图 3-2-8)。透射光下呈浓绿色。

浓(Ch_2):反射光下呈浓绿色,颜色浓艳饱满(图 3-2-9)。透射光下呈鲜艳绿色。

较浓(Ch_3):反射光下呈中等浓度绿色,颜色浓淡适中(图 3-2-10);透射光下呈较明快绿色。

图 3-2-8　极浓绿色翡翠

图 3-2-9　浓绿色翡翠

图 3-2-10　较浓绿色翡翠

较淡(Ch_4):反射光及透射光下呈淡绿色,颜色清淡(图 3-2-11)。

淡(Ch_5):颜色很清淡,肉眼感觉近无色(图 3-2-12)。

图 3-2-11　较淡绿色翡翠

图 3-2-12　淡绿色翡翠

翡翠彩度分级标样同样采用下限石,即待分级翡翠的彩度介于相邻两件连续的标样之间,则以其中较低彩度级别表示待分级翡翠的彩度级别。待分级翡翠的彩度高于标样的最高级别,仍用最高级别表示待分级翡翠的彩度级别。待分级翡翠的彩度低于标样的最低级别,则定为无色。

2. 任务实施

（1）将绿色翡翠彩度分级标准填入表 3-2-4。

（2）图 3-2-13 中的绿色翡翠彩度级别为_____。

表 3-2-4　按照国标写出无色翡翠质地分级标准

彩度级别	肉眼观察特征
极浓（Ch_1）	
浓（Ch_2）	
较浓（Ch_3）	
较淡（Ch_4）	
淡（Ch_5）	

图 3-2-13　彩度分级翡翠样品

任务三　明度分级

1. 任务分析

明度是指翡翠颜色的明暗程度，即"正、浓、阳、匀"中的阳。根据灰度将翡翠的明度分为 4 个级别。

明亮（V_1）：样品颜色鲜艳明亮，基本察觉不到灰度（图 3-2-14）。

较明亮（V_2）：样品颜色较鲜艳明亮，能察觉到轻微的灰度（图 3-2-15）。

较暗（V_3）：样品颜色较暗，能觉察到一定的灰度（图 3-2-16）。

图 3-2-14　明亮翡翠样品

图 3-2-15　较明亮翡翠样品

图 3-2-16　较暗翡翠样品

暗（V_1）：样品颜色黯淡，能觉察到明显的灰度（图 3-2-17）。

待分级翡翠进行明度级别划分前，应先确定其色调类别及彩度级别。使用确定待分级翡翠彩度级别的标样，叠加灰度标尺得出待分级翡翠颜色灰度数值，根据所得灰度数值范围，确定待分级翡翠的颜色明度级别（图 3-2-18）。

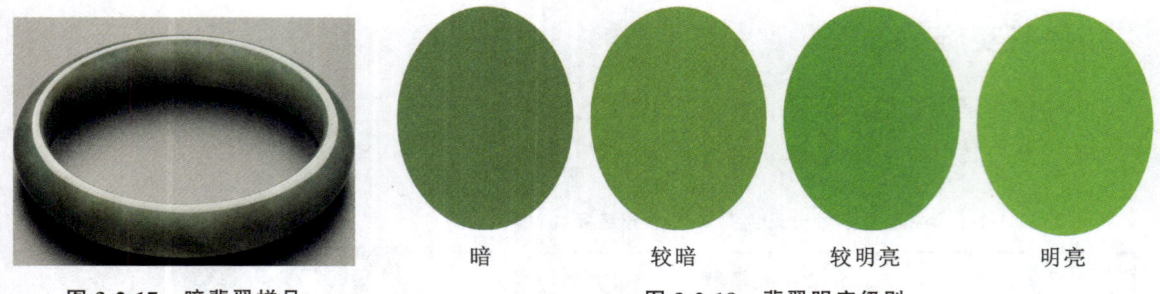

图 3-2-17　暗翡翠样品　　　　　　图 3-2-18　翡翠明度级别

2. 任务实施

（1）将绿色翡翠明度分级标准填入表 3-2-5。

（2）图 3-2-19 中绿色翡翠的明度级别为_____。

表 3-2-5　绿色翡翠明度分级标准

明度级别	肉眼观察特征

图 3-2-19　明度分级翡翠样品

任务四　绿色翡翠的颜色分级

1. 任务分析

绿色翡翠颜色分级需借助标样完成，按色调、彩度、明度依次进行（图 3-2-20）。

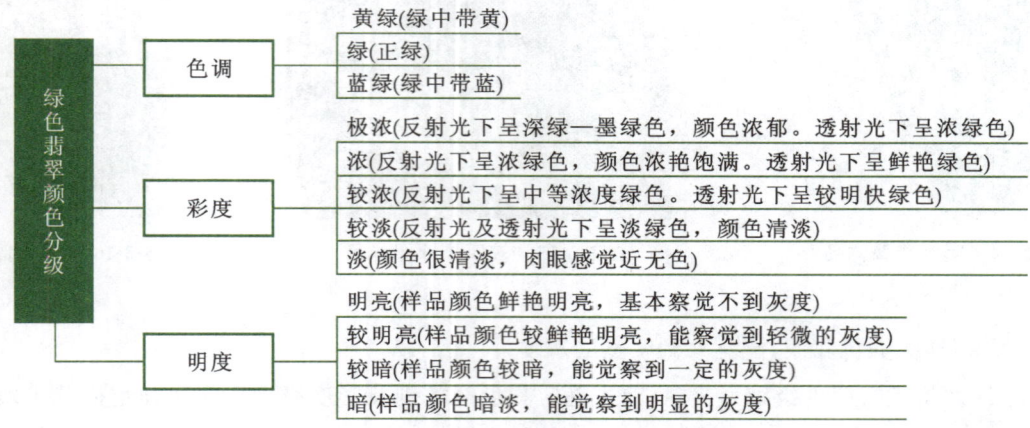

图 3-2-20　绿色翡翠颜色分级思维导图

【案例1】

据国家标准《翡翠分级》，某质检机构对送检的绿色翡翠出具的分级证书如图 3-2-21 所示。

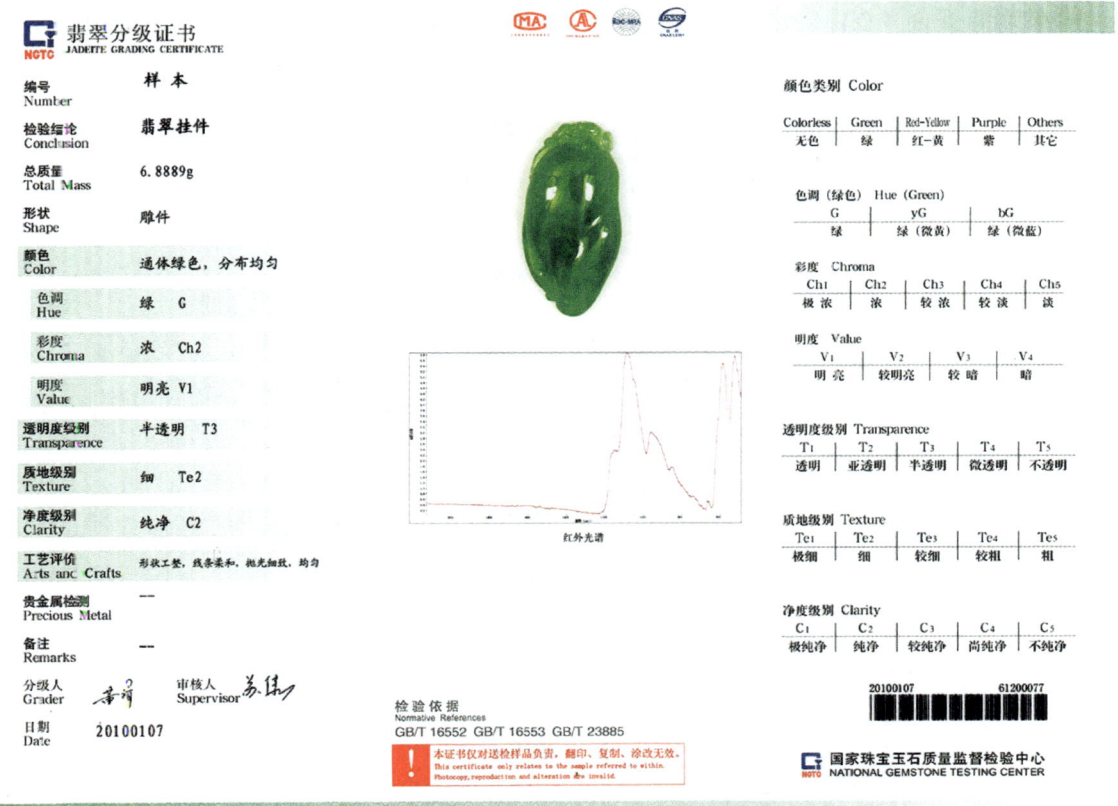

图 3-2-21　翡翠分级证书

【案例2】

图 3-2-22 中绿色翡翠的色调、彩度及明度级别如下。

色调：bG，蓝绿色，有一些蓝色调混入。

彩度：Ch_4，较淡，反射光及透射光下呈淡绿色，颜色清淡。

明度：V_3，较暗，样品颜色较暗，能觉察到一定的灰度。

图 3-2-22　绿色翡翠分级样品

2. 任务实施

对标本进行颜色分级，并将结果填入表 3-2-6。

表 3-2-6　对绿色翡翠标本进行颜色分级

标本号_____	色调类别_____
	彩度级别_____
	明度级别_____
标本号_____	色调类别_____
	彩度级别_____
	明度级别_____

103

五、项目评价

本次项目评价考核由自评、互评和师评 3 个部分组成,其中自评占 20%、互评占 40%、师评占 40%(表 3-2-7)。

表 3-2-7　工作过程评价表

组号		班级学号		姓名		标本组号		总成绩
序号	项目	考核内容	配分标准	得分			项目成绩
				自评 20%	互评 40%	师评 40%	
1	团队协作	能与小组成员和谐相处,互相学习,互相帮助,团队分工明确	10 分				
2	操作过程	操作规范	10 分	70 分			
		色调类别准确	13 分				
		彩度分级准确	13 分				
		明度分级准确	13 分				
		分级要素描述规范	11 分				
		分级流程完整	2 分				
		标本无损坏、无污染	4 分				
		保持工位整洁	2 分				
		耗材使用不浪费	2 分				
3	学习态度	态度积极,遵守纪律,学习目标明确	10 分				
4	解决问题的能力	能顺利解决问题	10 分				

六、课外拓展

在翡翠售卖市场观察绿色翡翠商品,对它们的颜色进行分级,理解翡翠颜色评价要素及对应价格之间的关系。

【思政点　养成良好的职业规范,树立正确的道德观】

"色差一分,价差十倍",颜色是翡翠价值的重要因素。珠宝评估师在对绿色翡翠进行颜色分级时,需要严谨规范、精益求精,并在实践中养成良好的职业规范习惯,树立正确的道德观,按照相关国家标准准确地划分级别,维护消费者的权益。

项目三　绿色翡翠的品质评价

一、情景导入

在对绿色翡翠进行分级时,除了要对颜色进行评价外,还需对透明度、质地、净度3个方面进行级别划分,最终还要对工艺进行评价。

对送检的不同品种绿色翡翠,评估师要依据国家标准《翡翠分级》评价翡翠等级,观察图3-3-1,描述绿色翡翠的品质要素。

二、学习目标

知识目标：了解绿色翡翠的透明度、质地和净度等品质要素;分析影响绿色翡翠品质的关键要素。

能力目标：能够通过观察、描述和分析绿色翡翠透明度、质地和净度等物理特性,识别各品质要素;能够综合评估绿色翡翠的品质,并对其进行分级。

图 3-3-1　绿色翡翠样品

素养目标：通过课堂实践,熟悉绿色翡翠的品质评价要素,提高劳动素质能力,养成规范工作的良好习惯;通过小组配合,培养良好的沟通能力。

三、背景知识

国家标准《翡翠分级》(GB/T 23885—2009)中绿色翡翠分级是从颜色、透明度、质地、净度4个方面进行级别划分的,此外还要对其工艺进行评价。

四、项目过程（图 3-3-2）

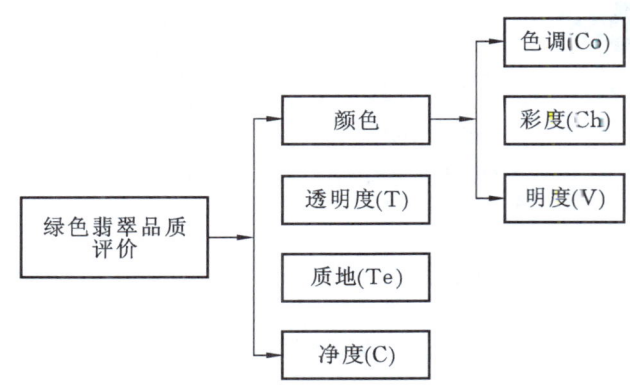

图 3-3-2　绿色翡翠的品质评价流程图

任务一　透明度分级

1. 任务分析

在评价绿色翡翠时,颜色比对与透明度比对可同步进行。绿色翡翠的透明度受颜色影响:彩度升高、明度降低,透明度会随之降低。绿色翡翠的透明度分为4个级别,将微透明—不透明划分为一个级别(图3-3-3)。

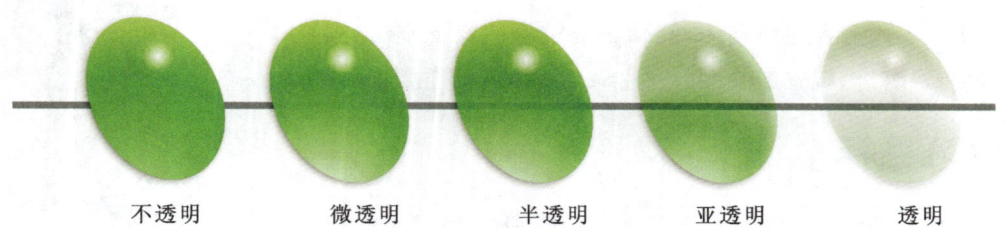

不透明　　微透明　　半透明　　亚透明　　透明

图3-3-3　绿色翡翠的透明度

1)透明(T_1)

反射观察:内部汇聚光较强(图3-3-4)。

透射观察:大多数光线可透过样品,样品内部特征可见。

2)亚透明度(T_2)

反射观察:内部汇聚光弱(图3-3-5)。

透射观察:部分光线可透过样品,样品内部特征尚可见。

图3-3-4　透明绿色翡翠样品　　透明绿色翡翠样品　　图3-3-5　亚透明绿色翡翠样品　　亚透明绿色翡翠样品

3)半透明(T_3)

内部无汇聚光,仅可见少量光线透入(图3-3-6)。

透射观察:少量光线可透过样品,内部特征模糊不可辨。

4)微透明—不透明(T_4)

反射观察:内部无汇聚光,难见光线透入(图3-3-7)。

透射观察:微量—无光线可透过样品,内部特征不可见。

半透明(T_3)与微透明—不透明(T_4),两者内部特征都不好辨认,但是半透明度(T_3)由于有少量光线透入,看上去更"水润"一些,微透明—不透明(T_4)光线不透入,外观则更"干"一些。

图 3-3-6　半透明绿色翡翠样品　　半透明绿色翡翠样品　　图 3-3-7　微透明—不透明绿色翡翠样品　　微透明—不透明绿色翡翠样品

2. 任务实施

（1）按照国标将绿色翡翠透明度分级标准填入表 3-3-1。

表 3-3-1　按照国标写出绿色翡翠透明度分级标准

透明度级别	肉眼观察特征	商贸俗称（参考）
透明（T_1）		
亚透明（T_2）		
半透明（T_3）		
微透明—不透明（T_4）		

（2）将图 3-3-8 中绿色翡翠的透明度级别填入表 3-3-2。

a　　b　　c　　d

图 3-3-8　翡翠样品

表 3-3-2　绿色翡翠透明度级别

样品	透明度级别	样品	透明度级别
a		c	
b		d	

任务二 质地分级

1. 任务分析

绿色翡翠质地分级与无色翡翠相同,也是分为极细(Te_1)、细(Te_2)、较细(Te_3)、较粗(Te_4)、粗(Te_5)5个级别(图3-3-9～图3-3-13)。

图3-3-9　极细绿色翡翠

图3-3-10　细绿色翡翠

图3-3-11　较细绿色翡翠

图3-3-12　较粗绿色翡翠

图3-3-13　粗绿色翡翠

2. 任务实施

(1) 按照国标将绿色翡翠质地分级标准填入表3-3-3。

(2) 图3-3-14中绿色翡翠质地级别为_____。

表3-3-3　绿色翡翠质地分级标准

质地级别	肉眼观测特征	颗粒粒径/mm
极细(Te_1)		
细(Te_2)		
较细(Te_3)		
较粗(Te_4)		
粗(Te_5)		

图3-3-14　绿色翡翠质地分级样品

任务三 净度分级

1. 任务分析

绿色翡翠净度分级与无色翡翠相同,分为极纯净(C_1)、纯净(C_2)、较纯净(C_3)、尚纯净(C_4)、不纯净(C_5)5个等级(图 3-3-15～图 3-3-19)。但由于颜色的原因,相同的内含物对翡翠整体美观度的影响,绿色翡翠没有无色翡翠明显,但评价原则相同。

图 3-3-15 极纯净绿色翡翠

图 3-3-16 纯净绿色翡翠

图 3-3-17 较纯净绿色翡翠

图 3-3-18 尚纯净绿色翡翠

图 3-3-19 不纯净绿色翡翠

当绿色翡翠颜色分布不均匀,或不同颜色混杂在一起时,也能造成绿色翡翠饰品整体不纯净的现象(图 3-3-20、图 3-3-21)。

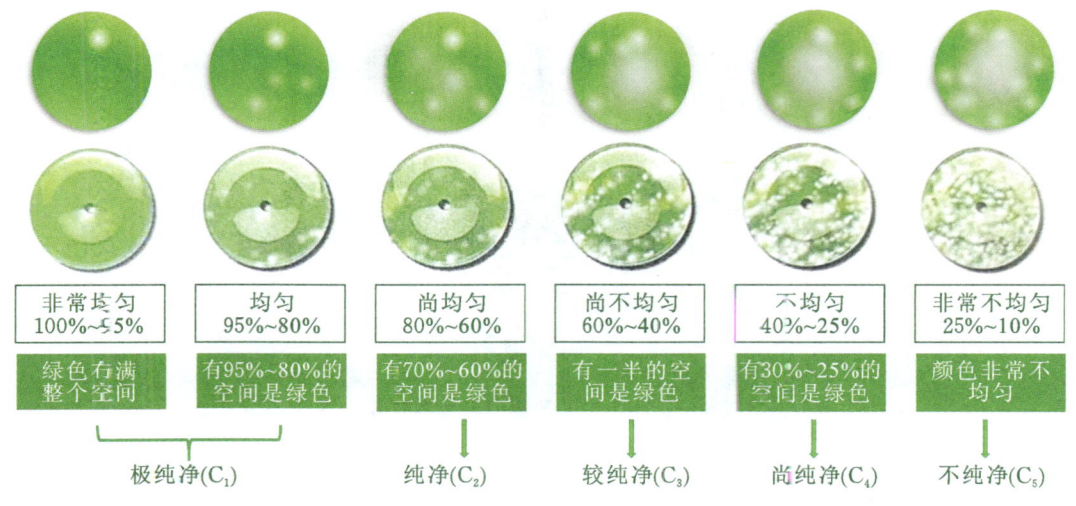

图 3-3-20 翡翠中绿色均匀程度与净度的关系

翡翠鉴赏与评价

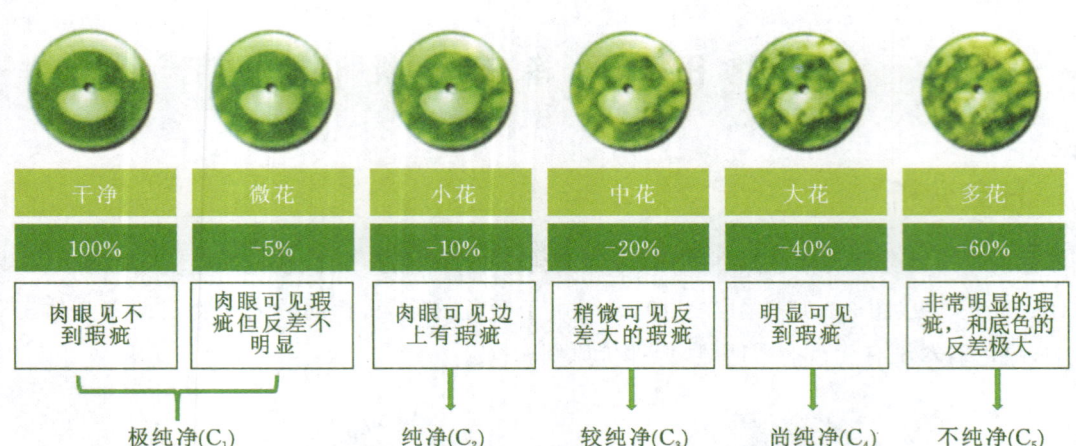

图 3-3-21　绿色翡翠颜色混杂程度与翡翠纯净度的关系

2. 任务实施

（1）按照国标将绿色翡翠净度分级标准填入表 3-3-4。

（2）图 3-3-22 中绿色翡翠的净度级别为＿＿＿＿。

表 3-3-4　按照国标写出绿色翡翠净度分级标准

净度级别	肉眼观测特征	典型内外部特征类型
极纯净（C_1）		
纯净（C_2）		
较纯净（C_3）		
尚纯净（C_4）		
不纯净（C_5）		

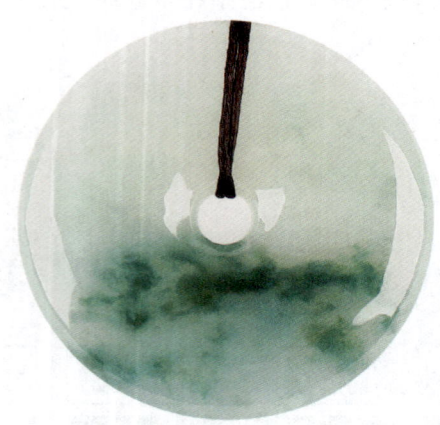

图 3-3-22　绿色翡翠净度分级样品

110

任务四　绿色翡翠的综合评价

1. 任务分析

根据国家标准《翡翠分级》，对绿色翡翠的品质要素，包括色调、彩度、明度、透明度、质地、净度要素进行分析，并进行分级（图 3-3-23）。

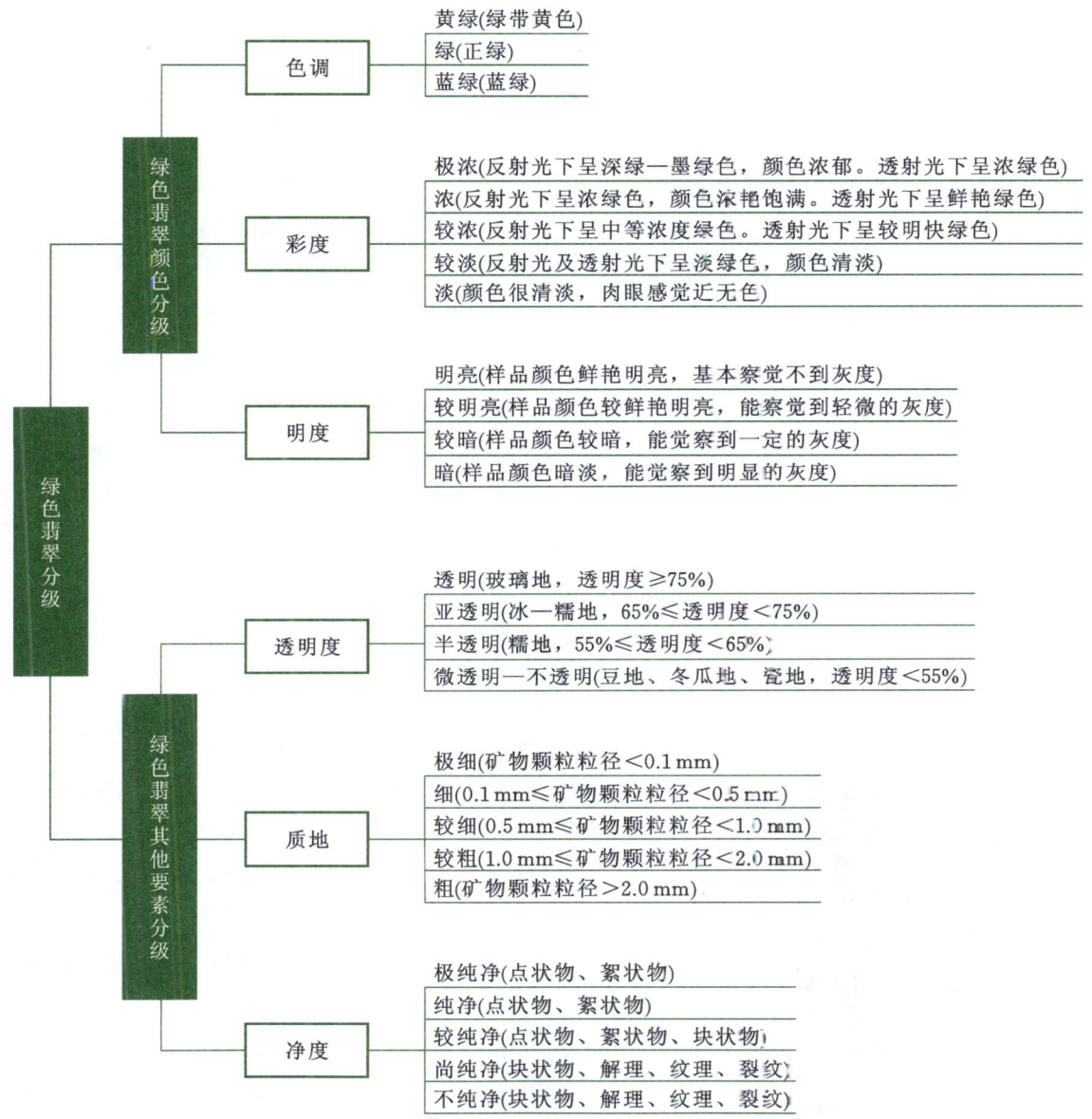

图 3-3-23　绿色翡翠品质评价要素思维导图

【案例1】

对顾客购买的翡翠戒面出具的分级证书见图3-3-24。

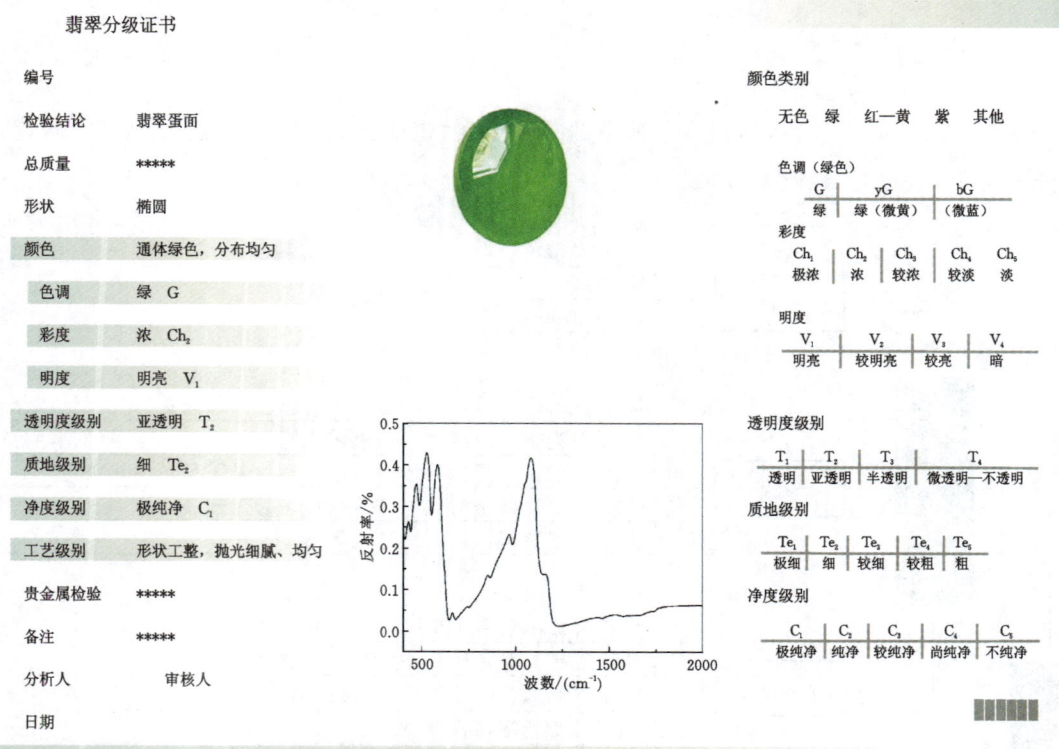

图3-3-24　绿色翡翠分级证书

【案例2】

请判断图3-3-25中绿色翡翠的品质要素。

色调：蓝绿色（bG），有一些蓝色调混入。

彩度：较淡（Ch_4），反射光及透射光下呈淡绿色，颜色清淡。

明度：较明亮（V_3），样品颜色较暗，能觉察到一定的灰度。

透明度：半透明（T_3），内部无汇聚光，内部特征模糊不可辨。

质地：较细（Te_3），0.5 mm≤矿物颗粒粒径<1.0 mm。

净度：较纯净（C_3），具较明显的点状物、絮状物、块状物，肉眼可见，对整体美观度有一定影响。

图3-3-25　绿色翡翠分级样品

2. 任务实施

对样品标本综合评估，并将结果填入表3-3-5。

表 3-3-5　绿色翡翠标本的综合分级

绿色翡翠颜色分级标本号_____	
色调类别	
彩度级别	
明度级别	
透明度级别	
质地级别	
净度级别	

五、项目评价

本次项目评价考核由自评、互评和师评 3 个部分组成,其中自评占 20％、互评占 40％、师评占 40％(表 3-3-6)。

表 3-3-6　工作过程评价表

组号		班级学号		姓名		标本组号		总成绩
序号	项目	考核内容	配分标准	得分			项目成绩
				自评 20％	互评 40％	师评 40％	
1	团队协作	与小组成员和谐相处,互相学习,互相帮助,团队分工明确	10 分				
2	操作过程	分级表信息填写准确	10 分	70 分			
		操作规范	10 分				
		分级要素观察准确	10 分				
		分级要素记录规范	10 分				
		分级结论准确	10 分				
		分级标准填写完整规范	10 分				
		分级流程完整	2 分				
		标本无损坏、无污染	4 分				
		保持工位整洁	4 分				
3	学习态度	态度积极,遵守纪律,学习目标明确	10 分				
4	解决问题的能力	能顺利解决问题	10 分				

六、课外拓展

在翡翠售卖市场观察绿色翡翠商品,对绿色翡翠的品质要素进行评价,理解翡翠品质评价要素及对应价格之间的关系。

【思政点　举一反三,千锤百炼】

在学习中要善于总结,勤于反思。通过总结和反思,对自己的学习状态进行审视,并提取经验;根据不同情境和自身实际,选择或调整学习策略和方法等。

项目四　翡翠的工艺评价

一、情景导入

对送检的不同翡翠商品，评估师会依据国家标准《翡翠分级》评估翡翠等级。

翡翠被国人称为"玉石之王"，是中华璀璨玉文化的代表。有时一件大师的作品其价值会远远超过翡翠自身价值的数倍，所以翡翠的工艺评价是翡翠分级中另外一个非常重要的部分。

从颜色、透明度、质地、净度 4 个方面对翡翠进行分级，是对翡翠材质的评价，但决定翡翠价值的因素除自身材质之外，还有翡翠的加工工艺。

观察图 3-4-1，描述翡翠的工艺评价要素。

珠宝玉石首饰鉴定分级证书

检验结论：	翡翠镯子
总质量：	60.415 g
形状：	圆环状
颜色：	浅绿
透明度级别：	半透明 T_3
净度级别：	较细 Te_3
工艺评价：	形状工整，抛光到位
贵金属检测：	—
备注：	商业俗称（参考）：糯化地

检测依据
所用标准为检测时间现行有效版本
GB/T 16552　GB/T 16553　GB/T 23885

检验人：　　　审核人：

本证书仅对送检样品负责，翻印、复制、涂改无效。

图 3-4-1　翡翠的分级证书

二、学习目标

知识目标：了解翡翠的材料应用、设计、磨制（雕琢）工艺、抛光工艺等品质要素；分析影响翡翠工艺的关键要素。

能力目标：能够通过观察、描述和分析翡翠材料应用、设计、磨制（雕琢）工艺、抛光工艺等相关特性，识别其工艺品质要素；能够综合评价翡翠的工艺级别。

素养目标：通过课堂实践，熟悉翡翠的工艺品质要素，提高劳动素质能力，养成规范工作的良好习惯；通过小组任务，培养学生良好的沟通能力。

三、背景知识

国家标准《翡翠分级》中给出了工艺评价的总体原则,工艺评价包括材料应用设计评价和加工工艺评价两个方面。材料应用设计评价包括材料应用评价和设计评价;加工工艺评价包括磨制(雕琢)工艺评价和抛光工艺评价。

四、项目过程(图 3-4-2)

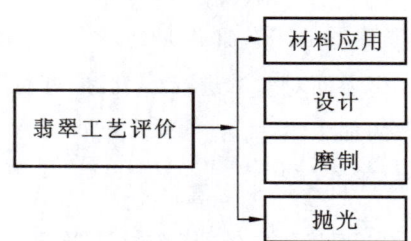

图 3-4-2　翡翠工艺评价流程

▍ 任务　评价翡翠工艺 ▍

1. 案例分析

【案例 1　材料应用分级】

材料应用评价评价如下。

(1) 材料取舍得当:材质、颜色与题材配合贴切,用料干净正确,内外部特征处理得当。

绿色翡翠中间混有白色团块会降低了翡翠的价值。但设计师在玉雕过程中,将白色团块设计为白色花朵,在绿色背景中,显得生机勃勃(图 3-4-3)。

(2) 材料取舍欠佳:材质、颜色与题材配合基本贴切,用料基本正确,内外部特征处理欠佳,局部有较明显缺陷。

翡翠内部常有石纹、裂隙(图 3-4-4),若加工不当,会降低翡翠的价值,但这类缺陷可被设计师巧妙地隐藏起来,如图 3-4-5 所示。

图 3-4-6 翡翠佛手挂件,上半段整体颜色、光泽较为一致,但在透光下观察,就会发现挂件上部有明显的三条石纹。

图 3-4-7 翡翠吊坠内部具团状、絮状或点状的内含物(石棉),棉絮会影响翡翠的透明度,也会影响翡翠的美观。

图 3-4-3　翡翠饰品俏色运用

图 3-4-4 玉石材料中常见的石纹

图 3-4-5 翡翠吊坠内部分布石纹

图 3-4-6 翡翠佛手挂件内部分布石纹

图 3-4-7 翡翠吊坠

（3）用料不当：颜色与题材配合失当，用料有明显偏差，内外部特征处理失当，影响整体美观。

图 3-4-8 翡翠原料中局部有较明显裂隙，在对翡翠原料进行切割的时候，如做手镯或珠子的时候，应尽量避开裂隙。

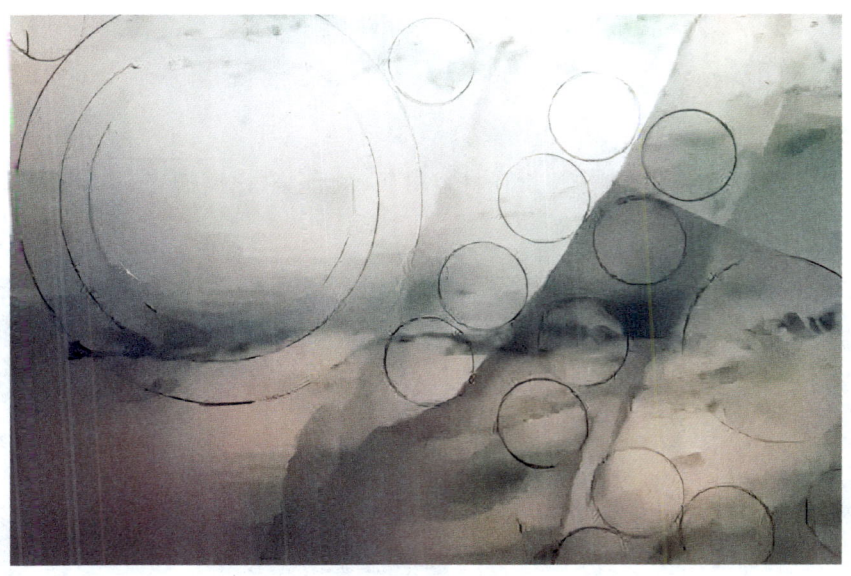

图 3-4-8 待切割翡翠

图3-4-9 翡翠原料中绿色部分有较明显裂隙,翡翠用料不当。

图 3-4-9　翡翠绿色中裂隙

图3-4-10 翡翠手镯中有较明显裂隙,裂隙中有明显的黑色杂质。翡翠用料不当。

图 3-4-10　翡翠手镯中裂隙

【案例2　设计分级】

设计评价级别如下。

(1)造型优美,比例协调得体:造型烘托材料材质、颜色美,比例恰当,布局合理,层次清晰,安排得体(图3-4-11)。

 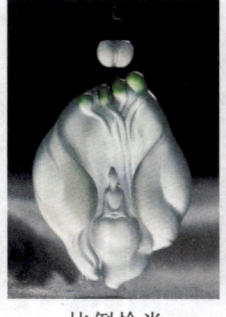  

材料材质、颜色美　　　比例恰当　　　布局合理　　　层次清晰

图 3-4-11　翡翠饰品的设计

棉是翡翠中钠长石、霞石或硬玉矿物相对较大的颗粒。在透明度好的翡翠中,棉呈白色团状、丝絮状、云雾状等形态。越透明的翡翠,如玻璃种或高冰种,越可以凸显出漫天雪花飞舞的美感,增添如诗如画的意境。

玉雕师利用翡翠中的棉,刻划出棉如雪花,悄悄飘落的画面,营造出《江雪》诗中"孤舟蓑笠翁,独钓寒江雪"的意境(图 3-4-12)。

玉雕大师杨树明用 1100 元翡翠废料雕刻《风雪夜归人》,暴涨至 360 万,成为玉雕界的传奇。翡翠中的棉化作漫天的雪花,中间的一处棉被雕刻成弯曲的石头小路。造型与雪花棉互相呼应,重现古诗里的"风雪夜归人"的完美意境(图 3-4-13)。

图 3-4-12 《江雪》　　　　　　　　　　图 3-4-13 《风雪夜归人》

(2) 造型美观,比例基本协调:基本按材料材质颜色特点设计造型,比例基本正确,布局主次不够鲜明,安排欠妥。图 3-4-14 翡翠佛中间过薄,不够饱满,有"凹"感,布局主次不够,厚薄不均。

(3) 造型呆板,比例失调:未按材料材质、颜色特点设计造型,比例失调,布局紊乱,安排失当。

图 3-4-15 翡翠雕件的安排失当,造型呆板,比例失调。

图 3-4-14 翡翠佛　　　　　　　　　　图 3-4-15 翡翠雕件

【案例 3　磨制工艺】

磨制工艺评价级别如下。

(1) 雕琢精准细腻:轮廓清晰,层次分明,线条流畅,点、线、面刻画精准,细部处理得当。图 3-4-16 为中国玉石雕刻大师翁伟民作品,大师巧妙运用俏色,作品层次分明。人物雕琢精细,动作造型也是自然流畅。

(2) 雕琢细致,局部欠佳:轮廓清楚,线条顺畅,点线面刻画准确,细部处理欠佳。机器雕刻的

图 3-4-16　翁伟民作品

雕件线条基本顺畅,但和人工雕刻相比,貔貅脸部表情呆板,线条流畅度不够(图 3-4-17)。

图 3-4-17　翡翠机器雕刻雕件(左)与人工雕刻雕件(右)

(3) 雕琢较粗糙:形象失态,线条梗塞,点线面刻画不准确,整体处理欠佳。图 3-4-18 翡翠雕件线条不太流畅,整体处理欠佳,雕琢较粗糙。

图 3-4-18　雕琢较粗糙的雕件

【案例4　抛光工艺】

抛光工艺评价级别如下。

（1）抛光到位，均匀平顺：表面平顺光滑，亮度均匀，无抛光纹、褶皱及凹凸不平。从图3-4-19翡翠手镯的反光处可以看出，手镯表面亮度均匀，无抛光纹，无褶皱及凸凹不平。

（2）抛光基本到位，较均匀平顺：表面较平顺，亮度欠均匀，局部有抛光纹、折皱或凹凸不平。从图3-4-20的反射处可以看出，翡翠雕件局部有折皱、凹凸不平。

（3）抛光较粗糙：表面不平顺，亮度不均匀，有抛光纹、褶皱，局部凹凸不平。图3-4-21翡翠手镯局部反光中可见明显的抛光痕和凸凹不平，整体抛光较粗糙。

图3-4-19　抛光到位的翡翠手镯　　图3-4-20　翡翠吊坠　　图3-4-21　抛光较粗糙的翡翠手镯

对翡翠进行分级时，要先从颜色、透明度、质地、净度4个要素进行分级，再按加工工艺评价要求对翡翠的材料应用、设计、磨制、抛光4个方面进行评价，并作出相应的工艺评价（图3-4-22）。完成上述两方面的工作，即完成了翡翠的分级工作。

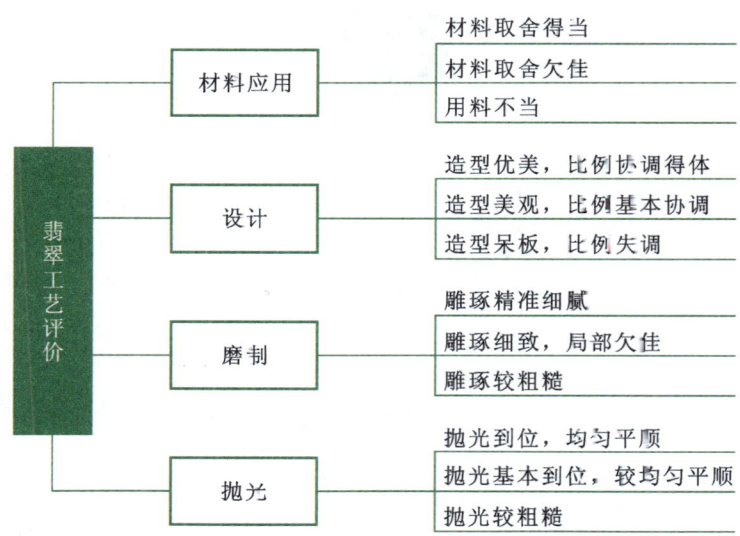

图3-4-22　翡翠工艺评价标准

2. 任务实施

（1）按照国标将翡翠工艺分级标准填入表3-4-1。

表 3-4-1 翡翠工艺评价标准

品质因素		肉眼观测特征	评价结论
材料应用设计	材料应用		
	设计		
加工工艺	磨制		
	抛光		

（2）请将图 3-4-23 中的翡翠分级证书填写完整。

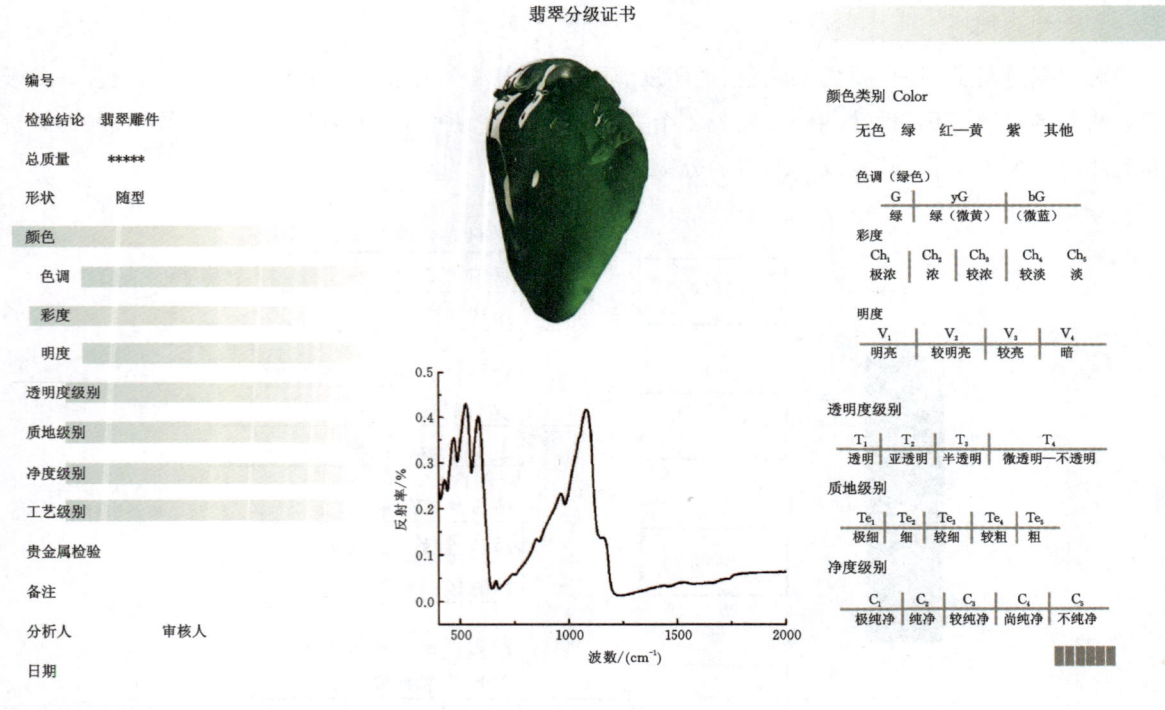

图 3-4-23 翡翠分级证书

五、项目评价

本次项目评价考核由自评、互评和师评 3 个部分组成，其中自评占 20%、互评占 40%、师评占 40%（表 3-4-2）。

翡翠分级证书答案

表 3-4-2 工作过程评价表

组号		班级学号		姓名		标本组号		总成绩
序号	项目	考核内容	配分标准		得分			项目成绩
				自评 20%	互评 40%	师评 40%		
1	团队协作	与小组成员和谐相处,互相学习,互相帮助,团队分工明确	10分					
2	操作过程	工艺评价标准填写准确	10分	70分				
		操作规范	10分					
		分级要素观察准确	10分					
		分级要素记录规范	10分					
		分级结论准确	10分					
		分级证书书写完整规范	10分					
		分级流程完整规范	2分					
		标本无损坏、无污染	4分					
		保持工位整洁	4分					
3	学习态度	态度积极,遵守纪律,学习目标明确	10分					
4	解决问题的能力	能顺利解决问题	10分					

六、课外拓展

前往本地的工艺美术馆,对翡翠雕件及饰品的工艺进行评价。

【思政点　玉石之上,"瑕"出意境】

"玉不琢,不成器",玉雕大师擅长利用翡翠原料本身的特点,将其升华为玉雕艺术品。

"无瑕不成玉",玉石中的瑕疵也是独一无二的,雪花棉作为翡翠内部的"瑕疵"也能变废为宝。同学们在生活中面对自己的缺点时,也不应该气馁,缺点正是自身与众不同的地方,同学们要正视缺点,善于发现并找到适合自己的发展之路。

模块四　翡翠商品的鉴赏与评价

项目一　翡翠商品的鉴赏

一、情景导入

翡翠与源远流长的中国传统文化相互渗透,相互升华,紧密结合,成为中国传统文化的一种体现和验证。作为翡翠销售员,要熟悉翡翠的文化知识,展示翡翠饰品中的文化内涵,从文化角度推销翡翠饰品。

二、学习目标

知识目标:了解翡翠的发现历程与历史变迁;熟悉翡翠名称的起源;掌握翡翠所蕴含的文化知识。

能力目标:通过研读、梳理和总结翡翠文化的相关资料,熟练讲述翡翠文化;能够在营销活动中,灵活运用翡翠文化知识。

素养目标:通过课堂模拟实践,了解翡翠文化鉴赏与评价在营销中的运用技巧,提高表达能力,销售意识;通过记笔记,培养良好的学习习惯;通过小组任务,培养良好的沟通能力。

三、背景知识

1) 翡翠的使用历史

在中国,和田玉至少已有3000年的使用历史,古人用大量诗词来形容和田玉的温润细腻。而翡翠的历史不如和田玉悠久,根据考古资料,到了清朝中后期翡翠玉器才大量出现。与和田玉相比,翡翠的色彩更鲜艳绚丽,光泽更夺目,质地更坚硬,品种更多样,产地更稀少(图4-1-1)。于是翡翠逐渐取代和田玉的位置,不仅成为中国玉石市场的主要品种,而且在世界上的知名度和美誉度更广。

图 4-1-1　翡翠

翡翠在清朝能快速地崛起并广泛流传，和清朝贵族的喜爱有关。在当时，翡翠被大量用于制作皇室用品，如手镯、发簪、扳指等（图4-1-2～图4-1-6）。

图 4-1-2　手镯

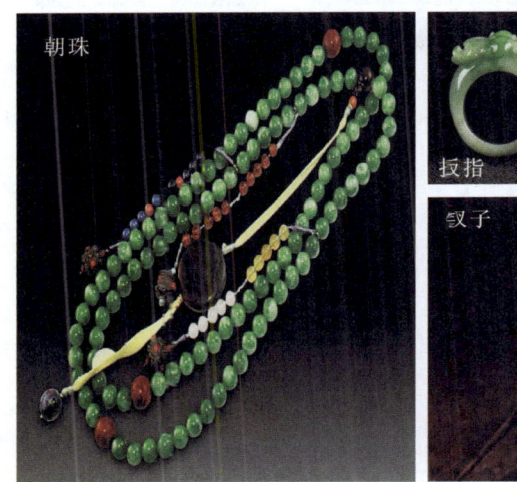

图 4-1-3　翡翠制品

图 4-1-4　翡翠鼻烟壶　　　　图 4-1-5　翡翠八方盒　　　　图 4-1-6　翡翠白菜

到了民国时期,达官贵人也多以收藏、玩赏高档翡翠为其身份和地位的标志(图4-1-7)。

2) 翡翠名称的起源

关于翡翠名称的由来,学者们也有不同的看法。一种说法源于"翡鸟""翠鸟"。一般红色雄鸟称"翡鸟",绿色雌鸟称"翠鸟"。第二种说法源于"非翠"一词。古人称绿色和田玉为"翠"(图4-1-8)。古代云南马帮从缅甸运货带入翡翠砾石(用以平衡骡身),后发现内部为美丽的绿色(图4-1-9),可作玉用,但认为它不是绿色的和田玉,故称为"非翠",后惯称翡翠。

图 4-1-7 宋美龄价值连城的翡翠饰品

图 4-1-8 绿色和田玉戒指

图 4-1-9 翡翠吊坠

四、项目过程(图4-1-10)

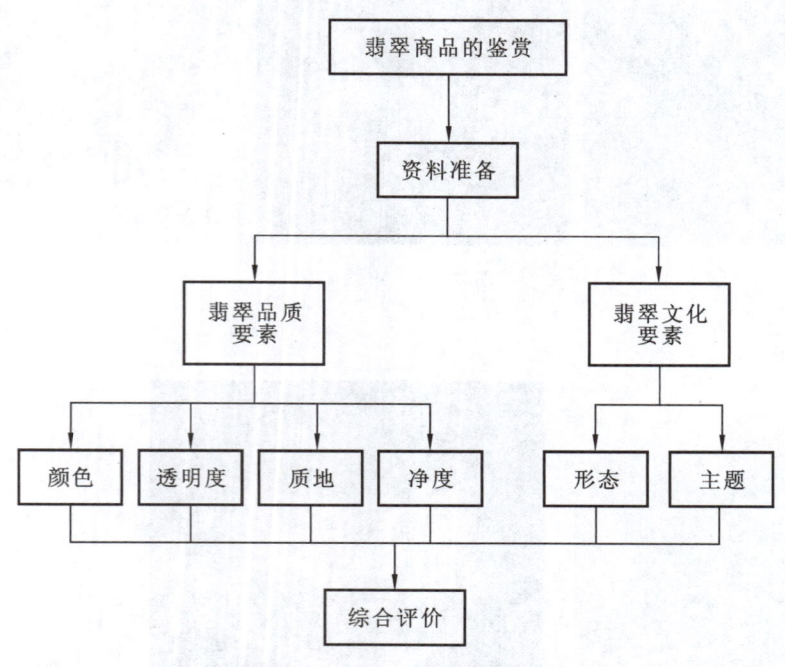

图 4-1-10 翡翠商品鉴赏的步骤

任务　学习翡翠的文化内涵

1. 案例分析

【案例1　翡翠的文化内涵】

中国玉器,"图必有意、意必吉祥"。从款式上,我们将翡翠分为手镯、吊坠、戒指、其他类型4类。

(1)手镯:亦称"钏""手环""臂环"等,是戴在手腕部位的环形装饰品。手镯的样式发展至今也变化出多种款式(图4-1-11)。

福镯(圆条手镯)
内外圈都是圆弧形,面宽7 mm以上,象征生活圆满平安

平安镯
外圈圆,内圈扁平,整体呈正圆形,寓意平安吉祥

贵妃镯
内圈扁平,外圈圆,整体呈椭圆形,寓意雍容华贵

美人镯
内外圈均为圆弧形,面宽7 mm以下,寓意温婉美好

叮当镯
一对内外圈都是圆弧形的细镯,面宽5 mm以下,寓意成双成对

雕花镯
雕刻是为了体现材料的特征或规避材料的缺陷。不同题材寓意不同

麻花镯
形似缠绕的麻花,能除掉材料的裂、棉等缺陷,寓意精细别致

金镶镯
多用于手镯修复,弥补瑕疵,寓意金玉良缘

图4-1-11　不同款式翡翠手镯的寓意

(2)吊坠:典型的翡翠吊坠有佛与观音、路路通、平安扣、如意、福瓜、葫芦、叶子、福豆、无事牌等,其中观音和佛都是佛教中非常重要的形象,是玉文化与佛文化的融合(图4-1-12)。大部分吊坠形态来自中国传统的纹样,被赋予了美好的寓意。

观音
寓意事业有成

佛
寓意吉祥美好、幸福安康

平安扣(古代称"璧")
形态为同心圆扣,造型像古代铜钱,寓意圆满幸福、四面来财

路路通
造型为两端内收的椭圆柱体,中心中空,形似滚动的大轮子或前后相通的道路,寓意万事如意

如意
传统纹样,形似云纹或灵芝头部,寓意万事顺利、吉祥如意

福瓜
传统纹样,福瓜多子,寓意多子多福、富贵传承

葫芦
谐音"福禄",寓意吉祥圆满

叶子
代表生机与生命力。男性佩戴寓意事业有成。女性佩戴寓意金枝玉叶、开枝散叶等

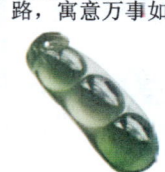
四季豆(俗称"福豆")
传统纹样,寓意多子多福,以3个豆子为多

无事牌
通体无任何雕刻,寓意"平平安安,无事烦扰"

图4-1-12　不同款式翡翠吊坠的寓意

(3) 戒指：戒指还包括扳指、指环（图 4-1-13）。扳指最初作为射箭的护具，被称为"韘"，后演化为饰品，象征权力、地位。翡翠指环中的"环"，在古代有往复循环的寓意，因此指环从古至今都是爱情的见证、婚姻的信物。

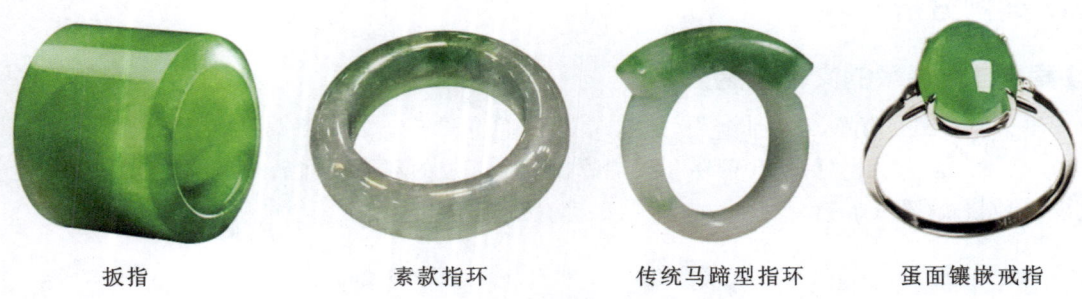

扳指　　　素款指环　　　传统马蹄型指环　　　蛋面镶嵌戒指

图 4-1-13　不同款式的翡翠戒指

(4) 其他类型："国风元素"翡翠饰品蕴含深厚的文化底蕴，将传统美学植入翡翠饰品已成为珠宝领域新的流行趋势。珠链、耳环、钗、簪等都是常见的传统中式首饰（图 4-1-14～图 4-1-16）。其中翡翠圆珠，串长可为项链，串短可为手链，寓意事事圆满。

项链　　　　　　　　手链

图 4-1-14　不同款式的翡翠珠链

平安扣造型耳环　　　小米珠流苏耳坠　　　仙笛乐器耳坠　　　飘花无事牌型耳坠

图 4-1-15　不同款式国风翡翠耳饰

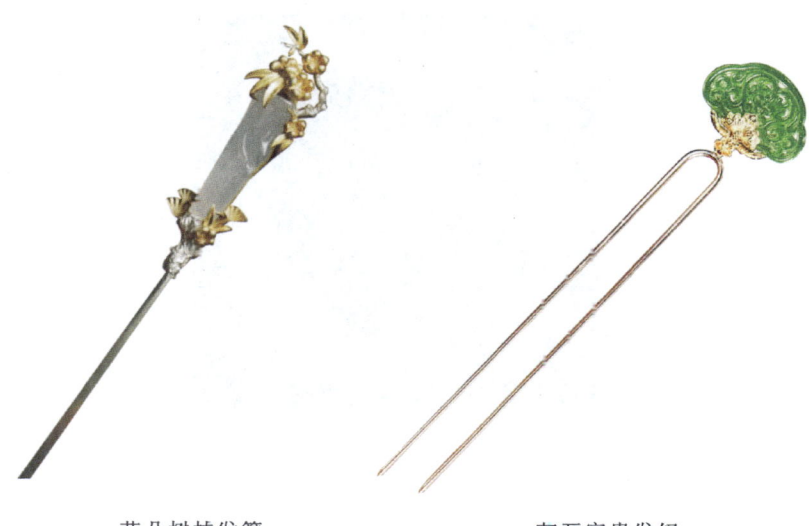

花朵树枝发簪　　　　　　花开富贵发钗

图 4-1-16　不同款式的翡翠簪、钗

【案例2　翡翠常见主题】

(1) 风景主题：翡翠多有园林、山水、雪景等风景画面，可营造出恬静优美、雄浑壮阔、萧瑟凄凉、孤寂冷清等意境（图 4-1-17）。翡翠风景牌不仅展现了自然的美，更赋予了它丰富的人文情怀。

(2) 动态主题：翡翠描绘的人物、动物等，多出于中国传统文化的故事场景中，如螭龙纹饰，加上如意状祥云，展示了龙在腾飞状态中的力量感，寓意顶风破浪的勇气与蓬勃向上的精神面貌（图 4-1-18）。

图 4-1-17　不同主题的翡翠风景牌

图 4-1-18　翡翠龙腾牌

【案例3　结合翡翠品质及文化背景进行鉴赏】

图 4-1-19 中的翡翠手镯色泽温润，寓意着仁慈，其硬实的质地象征着坚韧。佩戴能提高自己的气质，其美丽不仅在表象，美好的寓意和象征更能体现深厚的中国文化底蕴。

图 4-1-19　翡翠手镯

2. 任务实施

（1）描述图 4-1-20 中翡翠的品质要素，并填写翡翠分级证书。

翡翠佛分级证书的答案

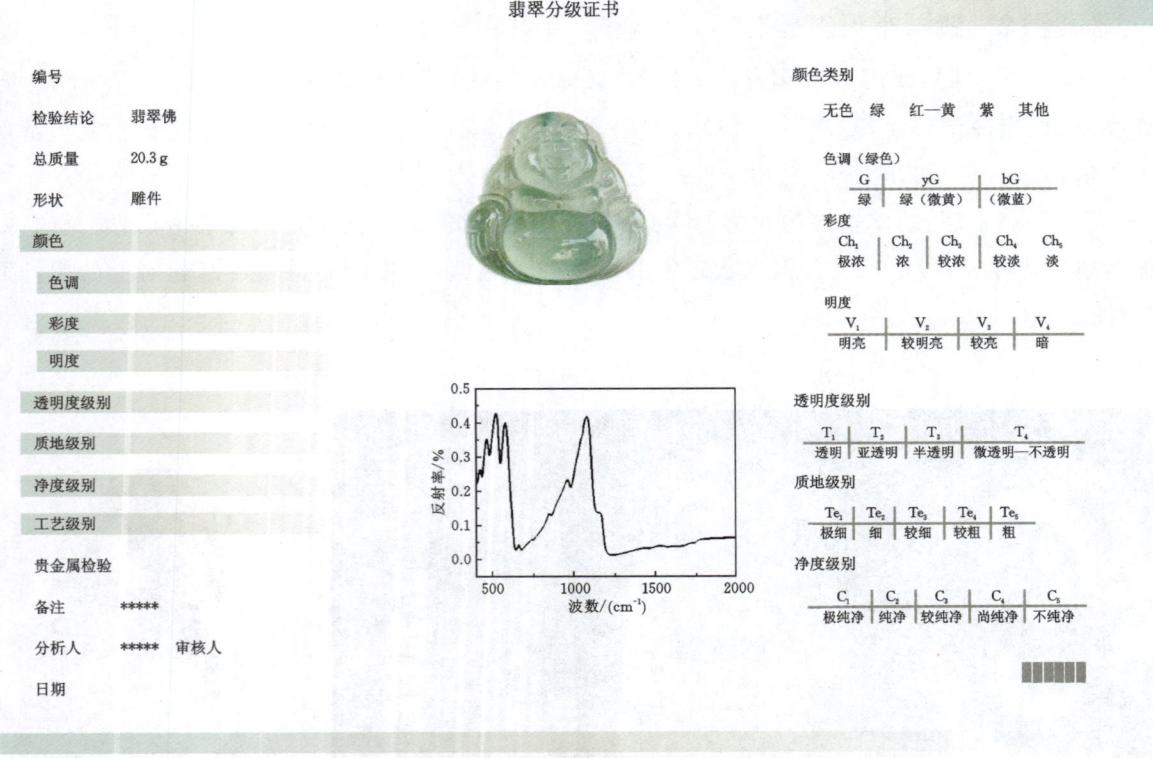

图 4-1-20　翡翠佛的分级证书

（2）制作 PPT，在课堂上演示翡翠饰品的文化特征。

五、项目评价

本次项目评价考核由自评、互评和师评 3 个部分组成（表 4-1-1），其中自评占 20%、互评占 40%、师评占 40%。

表 4-1-1　工作过程评价表

组号		班级学号		姓名		标本组号		总成绩	

| 序号 | 项目 | 考核内容 | 配分标准 | 得分 | | | 项目成绩 |
				自评 20%	互评 40%	师评 40%	
1	团队协作	与小组成员和谐相处，互相学习，互相帮助，团队分工明确	10 分				
2	PFT 制作	结构合理性	5 分				
		美观	5 分				
		翡翠品质评价正确	10 分	50 分			
		翡翠历史来源叙述正确	10 分				
		翡翠形态评价正确	10 分				
		翡翠主题评价正确	10 分				
3	演讲	表达清晰、流畅	5 分				
		时间控制合理	5 分	20 分			
		举止大方、有互动	5 分				
		听者接受度好	5 分				
4	学习态度	态度积极，遵守纪律，学习目标明确	10 分				
5	解决问题的能力	能顺利解决问题	10 分				

六、课外拓展

在翡翠市场对翡翠商品进行观察，结合商品价格进行品质分级及文化评价。

【思政点　弘扬玉石文化，彰显翡翠魅力】

通过对翡翠文化的了解，感受中国传统玉文化"君子比德于玉"；体会"图必有意，意必吉祥"的传统纹样的吉祥寓意，增强文化自信。

项目二　翡翠商品的评价

一、情景导入

通过翡翠市场，精美的翡翠首饰和摆件从矿山来到我们身边。作为珠宝公司的采购业务员，请根据要采购的翡翠的特点选择合适的市场购置适合的翡翠原石和饰品（图 4-2-1、图 4-2-2），完成采购任务。

图 4-2-1　翡翠吊坠

图 4-2-2　翡翠戒指

二、学习目标

知识目标：了解不同的翡翠市场及商品的特点；熟悉翡翠在市场流通中的卖点；掌握翡翠价格评估所涉及的各类要素；理解翡翠批量采购和单件选购在实际操作中的优缺点。

能力目标：通过观察翡翠市场的实际情况，收集与整理相关商品信息，叙述各市场中翡翠的特点；能够通过分析与提炼翡翠特点，归纳翡翠商品的卖点；通过学习翡翠采购领域的知识与分析案例，叙述翡翠采购思路；能够通过对比研究批量采购和单件选购模式，归纳翡翠批量采购和单件选购的优缺点。

素养目标：通过任务实施，培养整理归纳知识点的能力；通过小组任务，培养良好的沟通能力。

三、背景知识

产自缅甸的翡翠运到中国后进行加工和销售。比较知名的翡翠市场主要分布在 3 个地区。第一个是翡翠的原产地，缅甸翡翠市场，包括曼德勒（瓦城）、仰光等翡翠市场。翡翠公盘举办地曾在仰光，现已迁至内比都。仰光珠宝街主要售卖宝石，也有少量翡翠蛋面和料子。第二个就是翡翠的原石加工集散地，云南翡翠市场，包括腾冲、瑞丽、盈江等地。第三个就是翡翠的加工集散地、成品集散地，主要分布在广东四会、平州、揭阳。在全国范围内还有小规模加工、批发翡翠的地方，如河南镇平、苏州、广州华林、深圳水贝市场等。

四、项目过程(图 4-2-3)

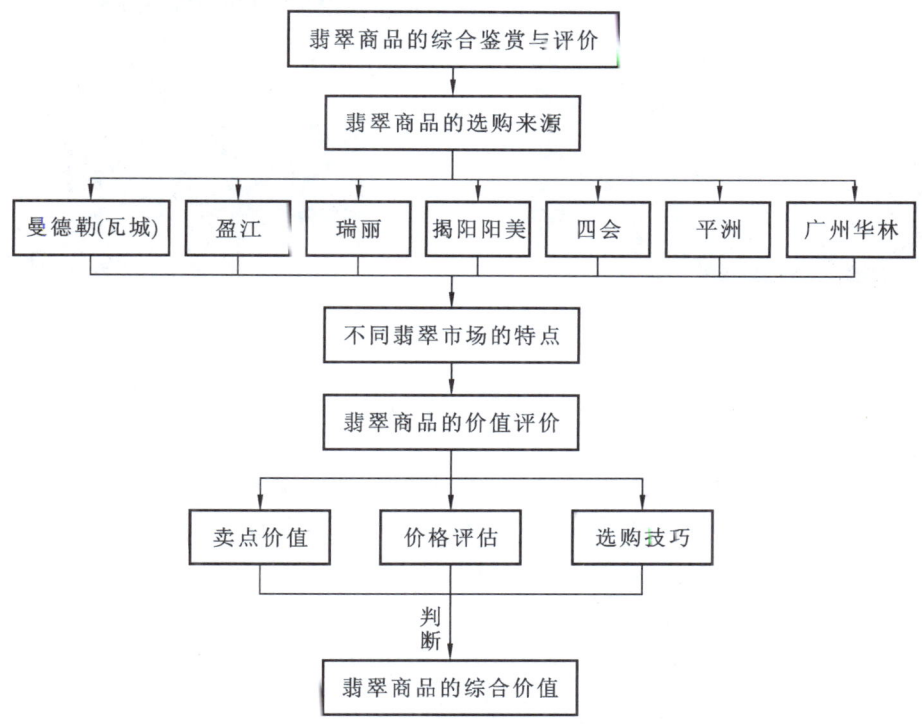

图 4-2-3　翡翠商品的综合鉴赏与评价

任务一　掌握不同翡翠市场的特点

1. 案例分析

【案例 1　曼德勒(瓦城)翡翠的集市】

曼德勒(瓦城)是一个古老的交易市场,从密支那地区开采的原石在曼德勒翡翠市场进行交易和拍卖。曼德勒(瓦城)翡翠市场是全球最大的翡翠蛋面交易市场。与国内珠宝市场不同,缅甸的工艺较差,蛋面和手镯都为手工打磨、抛光,毛料市场中有原石、半明料、片料(图 4-2-4~图 4-2-6)。

图 4-2-4　曼德勒(瓦城)翡翠原石市场

图 4-2-5 曼德勒(瓦城)翡翠半成品

图 4-2-6 曼德勒(瓦城)翡翠蛋面成品

曼德勒(瓦城)翡翠市场中真假混卖,在购买翡翠时,不能只图便宜,要认真观察,最好能找熟人引路或者中间人担保,以避免买到假货。

20世纪80年代以来,随着我国经济的发展和翡翠行业的发展,与缅甸翡翠产区直线距离约100 km的云南瑞丽、盈江、腾冲等地也建立了翡翠原料、半成品和成品的交易市场。腾冲的翡翠市场多以旅游服务为主,缺少适合玉商的集贸市场。

【案例2 盈江翡翠市场】

盈江是中国距缅甸翡翠玉石毛料原产基地帕敢最便捷的口岸,是缅甸翡翠玉石毛料进入国内最便捷的陆路通道,也是主要通道,被誉为"翡翠毛料中国第一站""中华翡翠毛料城"。20世纪90年代,盈江曾是重要的翡翠原石集散地(图4-2-7)。但是,云南的翡翠加工多为家庭作坊式的手工作业,生产规模很小,产品档次低,生产工艺粗糙。

图 4-2-7 盈江翡翠市场

【案例3 瑞丽翡翠市场】

1998年3月,缅甸政府正式开通了唯一的翡翠陆路出口通道——与瑞丽姐告一街之隔的木姐市,允许翡翠毛料以边贸方式进入瑞丽。2000年8月,国务院批准瑞丽姐告边境贸易区实行全国唯一的"境内关外"特殊监管模式后,瑞丽翡翠玉石集散地的功能迅速扩大,在鼎盛时期每年有4000t翡翠进入瑞丽。现在,瑞丽有华丰珠宝加工工业园区、姐告玉城毛料批发交易市场、姐告中缅街、瑞丽珠宝一条街和新东方珠宝城5大珠宝市场(图4-2-8~图4-2-12)。瑞丽是云南最大的翡翠原石交易市场,这里的翡翠原石种类繁多、品质优良、价格各异,吸引了大量的翡翠商人前来交易。除了原石之外,还有手镯、挂件、摆件、戒面等成品,其中戒面很有价格优势。大量的翡翠原石和成品从这些市场流通到全国各地。

图 4-2-8　华丰珠宝加工工业园区　　图 4-2-9　姐告玉城毛料批发交易市场　　图 4-2-10　姐告中缅街

图 4-2-11　瑞丽珠宝一条街　　　　　　　图 4-2-12　新东方珠宝城

除了云南中缅边境上这些翡翠市场外,广东后来者居上,逐渐成为国内翡翠重要的加工交易中心,形成了揭阳市阳美村、四会市、佛山市南海区平洲等翡翠加工和交易中心。

【案例4　揭阳市阳美村翡翠市场】

揭阳市阳美村是以中、高档翡翠为主的市场。从1905年开始,阳美村就有人从云南购回翡翠原料加工出售。20世纪80年代开始,全村500多户几乎家家都参与了翡翠生意,他们常合伙集资直接到缅甸矿区赌石购玉,运回阳美村加工,再将高档的翡翠通过各种渠道销往香港、台湾以及内地市场。2000年阳美村建成了翡翠集市(图4-2-13、图4-2-14)。目前是中高档翡翠的主要批发地和销售地。而且揭阳工艺在行业内出了名的精致,很多雕刻大师都来自揭阳。

图 4-2-13　阳美翡翠市场　　　　　　　　图 4-2-14　阳美玉石毛料区

【案例5　四会市翡翠市场】

四会人以前是从平洲买回手镯加工的边角料加工小挂件。因此,翡翠小挂件是四会市翡翠市场的特色产品,其次是大型摆件,以中低档产品为主。这里的翡翠交易也是成行成市,颇具规模,既有原石交易又有成品交易(图4-2-15)。

四会翡翠交易市场的风险可能来自毛料的交易。毛料(图4-2-16)是经过雕刻成型但没有经过抛光的翡翠雕件,属于半成品。未经抛光的翡翠货品在灯下毛病不易被识别,价格定不准确。

图 4-2-15　四会万兴隆翡翠城

图 4-2-16　天光墟毛料

【案例6　平洲翡翠市场】

平洲是全国最大的翡翠集散地,很多缅甸的原石直接运到平洲进行出售和投标(图4-2-17)。平洲翡翠原料的交易,模拟了缅甸翡翠公盘的投标模式,以暗标方式为主,价高者得。现在,每月都有1~3场的看货投标交易会。相比其他市场,这里的翡翠价格也更实惠,尤其是手镯、玉扣。市场上90%的手镯源头都是来自平洲,"平洲扣"也闻名遐迩(图4-2-18、图4-2-19)。

图 4-2-17　平洲翡翠原石交易市场

图 4-2-18　平洲玉器街

图 4-2-19　平洲扣

【案例 7　广州华林玉器街】

广州华林玉器街翡翠品种很齐全，除常见饰品、摆件外，也有古玉和仿古玉器，价位不等，涵盖所有消费人群，购买翡翠时要多家对比甄选（图 4-2-20）。

图 4-2-20　华林玉器街

翡翠市场的特点见图 4-2-21。

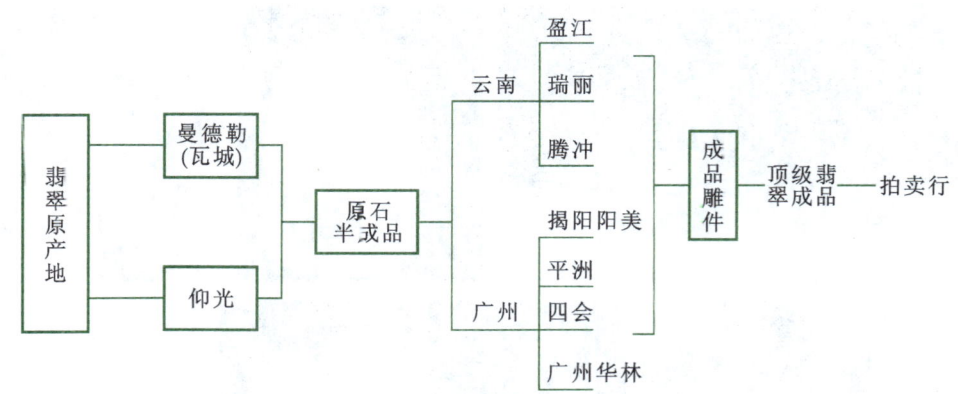

图 4-2-21　翡翠市场的特点

2. 任务实施

（1）学习翡翠市场案例，收集相关资料。

(2) 填写翡翠市场及商品的特点(表4-2-1)。

(3) 在课堂上展示不同翡翠市场的特征。

表 4-2-1　翡翠市场的特征总结

市场名称	位置	市场特点		翡翠商品特点
		优点	缺点	
曼德勒(瓦城)翡翠集市				
盈江翡翠市场				
瑞丽翡翠市场				
腾冲翡翠市场				
揭阳阳美翡翠市场				
平洲翡翠市场				
四会翡翠市场				
广州华林玉器街				

任务二　评估翡翠商品

1. 案例分析

【案例1　翡翠的卖点价值评估】

1) 翡翠的颜色

翡翠色彩在玉石中是最丰富的,包括富有生机的翠色、尊贵的黄翡色、灿烂的红翡色、清灵的白色、梦幻的紫色、庄重的墨色(图4-2-22)。

图 4-2-22　不同颜色的翡翠

2) 翡翠的工艺

俗话说"玉不琢不成器",翡翠艺术品除了要是好料以外,还要好的创意设计和雕琢技艺结合。"雕工佳绝、创意无限"能让翡翠的价值更上一层楼。

好的创意蕴藏在细节之中,翡翠纹理变化多样,玉雕师通过细致观察翡翠原石内部的纹理,展现出翡翠中独特的纹理和形态,如将雪花棉化作玉中漫漫雪天之景(图4-2-23)。

玉雕师匠心独具的俏色巧雕,需根据玉石的天然颜色和自然形体按料取材、依材施艺进行创作,赋予作品不同的设计思路,将料子和设计巧妙结合,才能雕出不可多得的俏色作品。

图4-2-23 西湖断桥意境玉雕

图4-2-24中的作品整体构思巧妙,巧色利用得非常恰当。红色部分设计成为善财童子,绿色部分则为小龙女,一阴一阳,相辅相成。

图4-2-24 俏色翡翠玉雕作品

翡翠边角料由于形状多样、不规则而难于构思,但碰到优秀的设计,价值便会提升(图4-2-25)。

图4-2-25 翡翠玉雕作品

3) 翡翠的文化

相比于和田玉含蓄的美,翡翠有一种绚烂美。翡翠的美在于颜色的娇艳欲滴、质地的晶莹剔透,更在于隐藏在翡翠饰品之中的文化内涵。消费者购买翡翠,会考虑到其中蕴含的文化内涵。

人们常通过谐音、象征、比喻等艺术手法,借动物、植物、山水、人物、神话、传说等(图4-2-26),在翡翠上传情达意。如叶子寓意子孙繁茂,一般女子佩戴,有多子多福之意,男子佩戴寓意事业(叶)有成等。这些文化内涵就是卖点。

图4-2-26　传统翡翠的造型

4)客户的需求

随着翡翠消费群体的年轻化,除了常见的手镯、观音、佛等翡翠商品,年轻的消费群体更喜欢个性化的定制,会选择更具有时代特色的翡翠产品,摒弃繁杂的雕工,更倾向于简约、时尚设计。好的翡翠与合适的镶嵌工艺相结合,使东方的古典与西方的时尚元素融合,更加凸显出翡翠的魅力(图4-2-27～图4-2-29)。

图4-2-27　翡翠戒吊两戴款

图4-2-28　东方古典与西方时尚元素融合的翡翠饰品　　　图4-2-29　简约时尚的镶嵌款翡翠饰品

【案例2　翡翠的价格评估】

在购买翡翠时,要仔细检查,因为翡翠的质量直接关系到价格。要检查颜色是否美丽,质地是否通透,有没有过多的瑕疵,如表面有没有裂纹、内部有没有棉等。

图 4-2-30 中的翡翠都为绿色且比较通透,左边的翡翠虽然绿中带蓝色调,但最鲜艳,水头最好,达到冰种以上。中间的翡翠绿色较淡。右边的翡翠内部有裂纹,裂纹严重影响翡翠结构的稳定性,佩戴或保养不当裂纹就会变大,因此裂纹对翡翠价值的影响非常大。所以左边的翡翠价值最高,右边的翡翠价值最低。

图 4-2-30　翡翠评价的观察要素

在翡翠市场中,遇到交易价格明显低于市场行情的情况,极有可能是翡翠的材质、瑕疵、造型、雕工等方面存在问题。若贪便宜而购买这些翡翠后,最终会因这些商品的积压而使公司的经营陷入被动。

图 4-2-31 中翡翠的价格皆低于相似品质翡翠应有的价值,因为产品都有隐藏的瑕疵:右边的翡翠有裂纹,中间的翡翠利用镶嵌隐藏裂纹,右边的翡翠种水差,雕工粗糙。常见的翡翠瑕疵情况见图 4-2-32～图 4-2-37。

图 4-2-31　翡翠的瑕疵

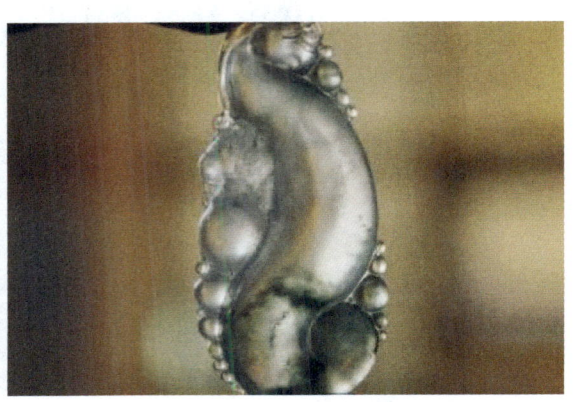

图 4-2-32　颜色灰暗不正　　　　　　图 4-2-33　黑、褐、灰色等杂色、脏点

图 4-2-34　工艺繁复冗杂、浮夸

图 4-2-35　翡翠料子先天不足而过薄

图 4-2-36　品相呆板，缺少灵气

图 4-2-37　边角料或缺陷较大，导致左右不对称、厚薄不均、比例失调

【案例3　翡翠的选购技巧】

批量采购的优势：有价格优势；可以给客户提供更多的选择卖家，更好地满足客户的需求。批量采购也存在弊端，因为在一批货品中有能吸引买家的高货，同时，卖家也会搭配一些有瑕疵的货品。例如一手翡翠手镯多由一整块翡翠原石切割而成，因此在条宽、圈口大小、颜色、透明度上有差别；货头指整手翡翠中品相最佳的翡翠，货中指次一级的翡翠，而货尾则是指品相较差的翡翠（图 4-2-38）。

图 4-2-38　批量购买的翡翠镯胚

批量采购时,应先分别评估单件货品的价格、未来销售情况,再整体估个合适的价格。注意不要被高品质货品吸引,无视有瑕疵的货品,以致整体估价过高(图4-2-39～图4-2-41)。

图 4-2-39　批发购买的手镯

图 4-2-40　批发售卖的翡翠散珠　　　　图 4-2-41　批发售卖的翡翠珠串

与批量采购相比,单件选购没有价格上的优势,但针对市场或客户需求,可选择性地购买高品质货品或者特色货品。精品翡翠中不能有明显的缺陷,特色货品中应能展示文化内涵或美好的寓意等(图4-2-42)。

图 4-2-42　单件选购的设计师款镶嵌翡翠手镯

综上,翡翠选购的注意事项见图 4-2-43。

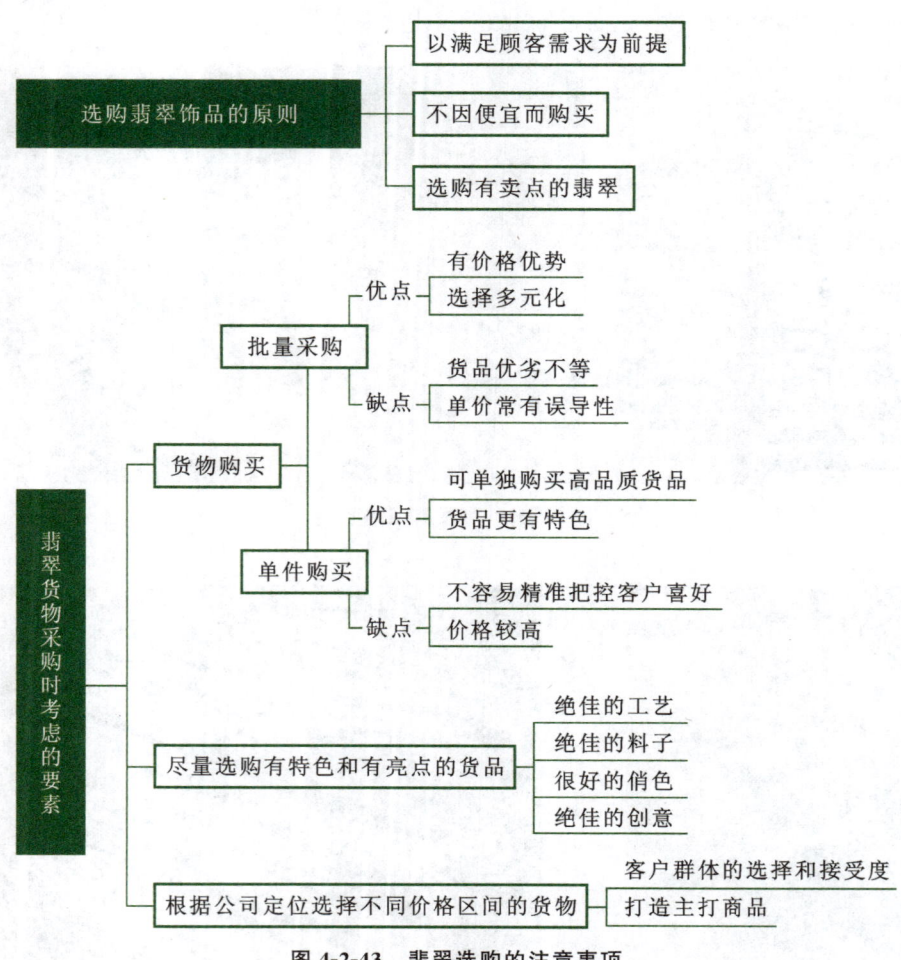

图 4-2-43　翡翠选购的注意事项

2. 任务实施

（1）根据所选购翡翠饰品的特点,叙述它的商业卖点。

（2）根据翡翠饰品样品,综合评估翡翠商品的价值（表 4-2-2）。

表 4-2-2　翡翠商品综合评价展示

翡翠的选购途径	
翡翠的卖点价值评估	
翡翠的价格评估	
翡翠的选购技巧	
翡翠最终估值	

五、项目评价

本次项目评价考核由自评、互评和师评 3 个部分组成（表 4-2-3）,其中自评占 20%、互评占 40%、师评占 40%。

表 4-2-3　工作过程评价表

组号		班级学号		姓名		标本组号		总成绩	
序号	项目	考核内容	配分标准	得分			项目成绩		
				自评 20%	互评 40%	师评 40%			
1	团队协作	与小组成员和谐相处,互相学习,互相帮助,团队分工明确	10分						
2	PPT制作	结构合理性	5分	50分					
		美观清晰度	5分						
		翡翠市场来源叙述正确	10分						
		翡翠卖点价值叙述正确	10分						
		翡翠价格评估正确	10分						
		翡翠选购技巧正确	10分						
3	演讲	表达清晰、流畅	5分	20分					
		时间控制合理	5分						
		举止大方、有互动	5分						
		听者接受度好	5分						
4	学习态度	态度积极,遵守纪律,学习目标明确	10分						
5	解决问题的能力	能顺利解决问题	10分						

六、课外拓展

在翡翠售卖市场对翡翠商品进行观察,选择具有商业卖点的翡翠,分析商品的商业价值。

【思政点　品翡翠文化,铸民族精神】

翡翠饰品中包含丰富的文化内涵。文人石、聚宝盆、福禄寿、翡翠观音等不同类型的翡翠作品都是寓意吉祥的文化符号。翡翠还与中国传统文化的道德伦理和哲学观念紧密相连,如天下大同、道法自然等。这些文化内涵与细致的制作工艺使传统翡翠蕴含着丰富的人文情感和历史厚重感。同学们可从文化的角度探索翡翠品牌的产品策略,弘扬产品中蕴含的匠人精神、爱国情怀和民族自豪感。

主要参考文献

欧阳秋眉,2000. 翡翠结构类型及其成因意义[J]. 宝石和宝石学杂志(2):1-5.

施光海,崔文元,2000. 不同产地硬玉岩的共性与个性[J]. 地学前缘(1):43.

HARGETT D,1990. Jadeite of Guatemala:A Contemporary View[J]. Gems & Gemology,26(2):134-141.

HARLOW G E,1994. Jadeitites,Albitites and Related Rocks from the Motagua Fault Zone,Guatemala[J]. Journal of Metamorphic Geology,12(1):49-68.

HARLOW G E,Sorensen S S,SISSON V B,et al.,2014. The Geology of Jade Deposits[M]. Arizona:Mineralogical Association of Canada.

HARLOW G E,Tsujimori T,Sorensen S S,2014. Jadeitites and Plate Tectonics[J]. Annual Review of Earth and Planetary Sciences,43(1):105-138.

ROEVER W P D,1955. Genesis of jadeite by low-grade metamorphism[J]. American Journal of Science,253(5):283-298.